GUILLAUME CANNAT · DIDIER JAMET

DER
MARS

BILDER VOM ROTEN PLANETEN

DELIUS KLASING VERLAG

Diese Buch ist Yveline Souchon-Prohin gewidmet,
ohne die dieses Werk zweifellos nie das Licht der Welt erblickt hätte.

Copyright © AMDS (Atelier Martine et Daniel Sassier) und Guillaume Cannat,
Baron, France, 2004
Die französische Originalausgabe mit dem Titel »Mars comme si vous y étiez!«
erschien 2004 bei Éditions Eyrolles, Paris.

Bibliografische Information Der Deutschen Bibliothek
Die Deutsche Bibliothek verzeichnet diese Publikation in der
Deutschen Nationalbibliografie; detaillierte bibliografische
Daten sind im Internet über »http://dnb.ddb.de« abrufbar.

1. Auflage
ISBN 3-7688-1678-8
ISBN 978-3-7688-1678-6
Die Rechte für die deutsche Ausgabe liegen beim Verlag
Delius, Klasing & Co. KG, Bielefeld

Aus dem Französischen von Gottfried Riekert
Wissenschaftliche Beratung: Roland Müller
Redaktionelle Leitung: Atelier Martine und Daniel Sassier
Schutzumschlaggestaltung: Ekkehard Schonart
Seitenlayout: Atelier Michel Ganne
Karten und Bildaufbereitung: Guillaume Cannat
Titelfotos: © Mars Global Surveyor/NASA/JPL/MSSS, © Opportunity/NASA/JPL/ASU
Druck und Bucheinband: J. P. Himmer GmbH & Co. KG, Augsburg
Printed in Germany 2005

Delius Klasing Verlag, Siekerwall 21, D - 33602 Bielefeld
Tel.: 0521/559-0, Fax: 0521/559-115
E-Mail: info@delius-klasing.de
www.delius-klasing.de

Inhalt

Einleitung

Welch weiter Weg von dieser Karte des Mars, gezeichnet im Oktober 1926 von dem Astronomen Eugène Antoniadi am großen Fernrohr des Observatoriums von Meudon (Frankreich), bis zu diesem wunderbar detaillierten Porträt, aufgenommen vom Weltraumteleskop Hubble im August 2003!

Und welch ein weiter Weg dann noch von dem Bild von Hubble, so schön, aber so weit entfernt und so kalt, bis zu dieser Aussicht auf eine sonnenbeschienene Marslandschaft in warmen Farben, so seltsam vertraut, die uns von der Kamera des Roboters *Spirit* im Sommer 2004 übermittelt wurde!

Heute ist der Mars nicht mehr nur ein roter Punkt, der in der Nacht funkelt und den die irdischen Teleskope mit Mühe enträtseln konnten. Der Mars ist nicht länger dieses beängstigende Symbol des griechisch-römischen Gottes, Synonym von Krieg, Blut und Leiden. Er ist zum Symbol der Hoffnung geworden: Hoffnung auf ruhmreiche Eroberungen für einige, die davon träumen, dort ihre Spuren zu hinterlassen, Hoffnung auf Entdeckungen und Erkenntnisse für andere, die meinen, dass dieser Planet uns erklären könnte, wie das Leben auf unserer Erde entstanden ist.

Dieses Buch zeigt die aktuellsten Bilder des roten Planeten, und es versteht sich vor allem als Huldigung an das Universum, das sich hier in seiner vollen Pracht bewundern lässt. Riesige Vulkane, Meteoritenkrater, Canyons von unergründlicher Tiefe, Trockenflüsse und Gletscher in Bewegung, Dünenfelder, Tornados und Sandstürme werden Ihnen auf diesen Seiten geboten, die Sie mitnehmen werden auf eine ungewöhnliche Reise zu einem der schönsten Planeten des Sonnensystems, dem »roten Planeten«, naher Nachbar dem unsrigen, dem »blauen Planeten«!

Trotz intensiver Beobachtung seit mehreren Jahrhunderten hat der Mars seine intimste Geografie wirklich erst mit Beginn der Raumfahrtära enthüllt durch die Expeditionen mit Sonden, die von der Erde ausgeschickt wurden. Vor diesem Abenteuer war jede Farbnuance seiner Oberfläche – im Allgemeinen ein Rotorange auf Grund des Eisenoxydstaubes, also Rost, der ihn bedeckt –, von der oder dem benannt worden, der sie zum ersten Mal wahrnahm. Manche Karten unseres Nachbarplaneten sind so sehr mit verschiedenen Bezeichnungen übersät, dass es recht schwierig ist, sich damit noch zurechtzufinden! Diese vereinfachte Karte des roten Planeten basiert auf einer

VASTITAS BOREALIS

UTOPIA PLANITIA

Lyot

Deuteronilus Mensae

Moreux

Ismenius Lacus

Hecates Tholus

Elysium Mons

Albor Tholus

ARABIA

TERRA

SYRTIS

MAJOR

PLANUM

ISIDIS

PLANITIA

ELYSIUM

PLANITIA

Schiaparelli

NI

TERRA

SABAEA

Huygens

TYRRHENA

TERRA

HESPERIA

PLÁNUM

Apollinaris
Patera

Gusev
Spirit

Ma'adim
Vallis

Dao Vallis

Niger Vallis

Harmakbis Vallis

Reull Vallis

HELLAS

PLANITIA

Russel

PROMETHEI

TERRA

TERRA
CIMMERIA

MALEA PLANUM

Fotomontage von Aufnahmen der Sonde *Mars Global Surveyor* und überdeckt den gesamten Planeten, vom Nordpol bis ungefähr
65° südlicher Breite. Die großen Regionen und die in diesem Buch erwähnten Formationen sind eingezeichnet, ebenso wie die Landeplätze
der amerikanischen Sonden *Spirit* und *Opportunity*. Die von den beiden Sonden besuchten Krater dagegen sind zu klein und liegen zu dicht
beieinander, als dass sie hier hätten eingezeichnet werden können.
© Hintergrundbild: Mars Global Surveyor/NASA/JPL/MSSS – Karte: Guillaume Cannat

Der rote Planet
von der Erde aus gesehen

Im August 2003 näherte sich der Mars der Erde so dicht wie nie zuvor in der Geschichte der Menschheit: Weniger als 56 Millionen Kilometer trennten die beiden Planeten. Die Helligkeit des Mars übertraf alle bei voller Dunkelheit sichtbaren Sterne, und sein orangefarbener Glanz verfärbte sich bisweilen mit glühend rotem Schein.

Wo immer wir auch auf der Erde leben, konnte uns im Sommer oder Herbst 2003 dieser funkelnde Punkt entgehen, der das Auge so unwiderstehlich anzog, wenn die Nacht einmal eingebrochen war?

In Frankreich, in der Region des Cotentin, nutzten drei Amateur-Astronomen – Bruno Daversin, Olivier Labrevoir und Frédéric Mallmann – außerordentlich günstige Bedingungen, um mit dem Teleskop der Sternwarte Ludiver eines der schönsten Bilder des Mars aufzunehmen, das je vom Erdboden aus gemacht wurde. Es ist das gegenüberstehende Foto, ein Marsporträt von bemerkenswerter Präzision und Sanftheit.

Die vom Weltraumteleskop *Hubble* aufgenommenen Bilder sind noch detaillierter. Dennoch wird der Mars immer zu weit von der Erde entfernt sein, als dass eine gründlichere Studie denkbar wäre. Deshalb hat die Menschheit seit Anbruch des Zeitalters der Weltraumforschung alles getan, mithilfe von Raumsonden näher an den Mars ranzukommen.

Am Mittwoch dem 27. August 2003 betrug der Abstand zwischen Erde und Mars lediglich 55,7 Millionen Kilometer, die kleinste Entfernung seit einigen zig Millionen Jahren. An diesem Tag fotografierte Wally Pacholka den eindrucksvollen Aufgang dieses Planeten unter dem Bogen eines Felsens – sehr passend getauft »Elephant Rock« – im Valley of Fire State Park im Staate Nevada (USA). Mit seinem stolz erhobenen Kopf scheint dieser steinerne Elefant dem blendenden Planeten und seinem stellaren Hof zu huldigen. Die Beleuchtung des Felsens mit einer Taschenlampe während der Aufnahme tauchte ihn in eine sanfte Orangefärbung, die natürlich an die von Marslandschaften erinnert.

© Wally Pacholka/AstroPics.com

Seit dem Einschuss in seinen Orbit im April 1990 nutzte man das Weltraumteleskop *Hubble*, um den Mars zu fotografieren, und zwar immer dann, wenn er sich in größter Erdnähe befand, also durchschnittlich alle sechsundzwanzig Monate. Die vier oben stehenden Bilder sind im April und Mai 1999 aufgenommen worden, als der Planet etwas mehr als 87 Millionen Kilometer von der Erde entfernt war. Sie zeigen den Marsglobus jeweils um eine Viertel-Umdrehung verschoben. Die dunkle Formation in der Mitte im oberen linken Bild ist *Acidalia Planitia*. Eine schöne Turbulenz ist dicht an der Gletscherkappe sichtbar, die den Nordpol bedeckt. Im Bild oben rechts füllt das *Tharsis*-Plateau das Zentrum des Globus aus und *Olympus Mons*, der Riesenvulkan erscheint als kleiner, etwas hellerer Ring. Im Foto unten links dehnt sich die Region *Elysium Planitia* aus, die im Zentrum erscheint. Schließlich beeindruckt unten rechts der große dunkle Fleck von *Syrtis Major*; genau darunter in Richtung südliche Breiten hat sich das *Hellas*-Becken mit Wolken verhüllt. Die Positionen der verschiedenen Marsregionen, die in diesem Buch behandelt werden, können auf diesen vier Globen lokalisiert werden.
© NASA/ESA/STScI/S. Lee/J. Bell/M. Wolff

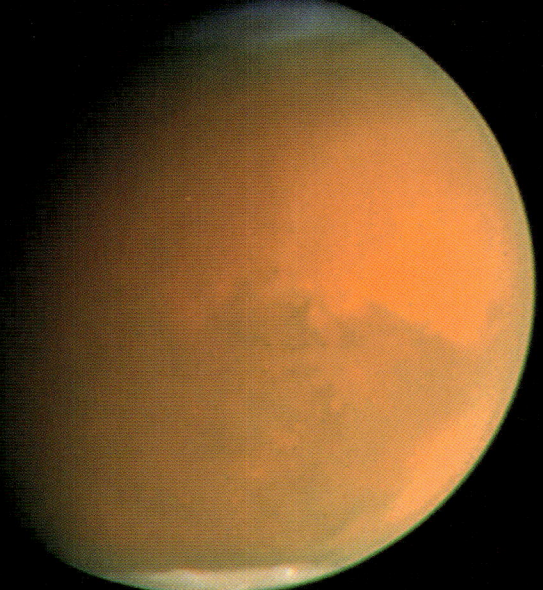

Ende des Monats Juni 2001 hat sich die Situation im Vergleich zum Frühling 1999 deutlich verbessert, denn der Mars kam nun 20 Millionen Kilometer näher und ist damit ungefähr 67 Millionen Kilometer von der Erde entfernt. Die Auflösung der Bilder des Weltraumteleskops *Hubble* nimmt in bemerkenswerter Weise zu. Unglücklicherweise erheben sich mehrere Sandstürme an verschiedenen Stellen des roten Planeten, und im Laufe des Sommers verbirgt sich sein Gesicht hinter einem Schleier aus Staub, der die gesamte Oberfläche verhüllt. Die beiden unten stehenden Bilder, aufgenommen am 26. Juni und 4. September 2001 verdeutlichen das Ausmaß dieses Phänomens. Glücklicherweise hat sich dies im August 2003 während einer der schönsten Marsoppositionen nicht wiederholt. Der Planet trieb in weniger als 56 Millionen Kilometern Entfernung vorbei, als diese beiden Fotos (unten) aufgenommen wurden. Die Aufnahmen wurden in einem zeitlichen Abstand von elf Stunden gemacht, sodass der Planet, der sich in etwas mehr als 24 Stunden einmal um sich selbst dreht, uns praktisch zwei gegenüberliegende Seiten zeigt. Die Neigung der Marsachse erlaubt eine volle Sicht auf den Südpol. Auf dem Globus links erhebt sich stolz *Syrtis Major* über dem *Hellas*-Becken. Auf dem rechten beherrschen das *Tharsis*-Plateau und der Vulkan *Olympus Mons* die Szene, und das riesige Tal *Vallis Marineris* erscheint am rechten Rand.
© NASA/ESA/STScl/AURA/J. Bell/M. Wolff/Hubble Heritage Team

Im Orbit um den Mars

Im Juli 1965 übertrug die amerikanische Sonde *Mariner 4* die allerersten Bilder von der Marsoberfläche zur Erde. Dieses historische Ereignis brachte eine riesige Enttäuschung. Dort, wo Generationen von begeisterten Beobachtern glaubten, Kanäle und jahreszeitliche Vegetation gesehen zu haben, konnte man nur riesige Krater und öde Landstriche erkennen. Der Mars erschien als eine Welt etwa so trostlos wie der Mond. Vierzig Jahre später, im Laufe der nachfolgenden Missionen, konnten die Wissenschaftler das Gesicht eines Planeten rekonstruieren, das bei weitem vielfältiger war, als diese ersten Fotos hätten vermuten lassen.

Als es ihnen gelang, ihre Sonden in Umlaufbahnen um den roten Planeten zu bringen, haben sie zuerst den höchsten Gipfel des Sonnensystems entdeckt, den *Olympus Mons*, der mit seinen 26 km Höhe die angrenzenden Regionen überragt (Seite 44). Dann haben sie einen gigantischen Riss ans Licht gebracht mit einer Länge von 4000 km, das *Vallis Marineris*, ein Schluchtensystem, in dessen Tiefen manche sich nicht wundern würden, die Überreste früheren Lebens zu finden (Seite 78). Gleichzeitig haben die Forscher die charakteristischen Spuren strömender Flüsse beobachtet (Seite 62). Es stellte sich heraus, dass die Krater selbst einen mit gefrorenem Wasser voll gesogenen Untergrund besitzen. Bei genauerer Betrachtung haben sie in einigen von ihnen sedimentäre Ablagerungen gefunden, möglicherweise Spuren von beständiger Anwesenheit flüssigen Wassers. Letztendlich haben sie zu Beginn des Jahres 2004 bei der Analyse der dünnen Marsatmosphäre ein Gas entdeckt, das Methan, dessen Präsenz eine faszinierende Perspektive eröffnet: die Möglichkeit, dass es heute noch Leben auf dem Mars gibt.

Von den Entdeckungen der ersten menschlichen Besucher, die eines Tages auf dem Mars landen werden, kann man jedoch nur träumen.

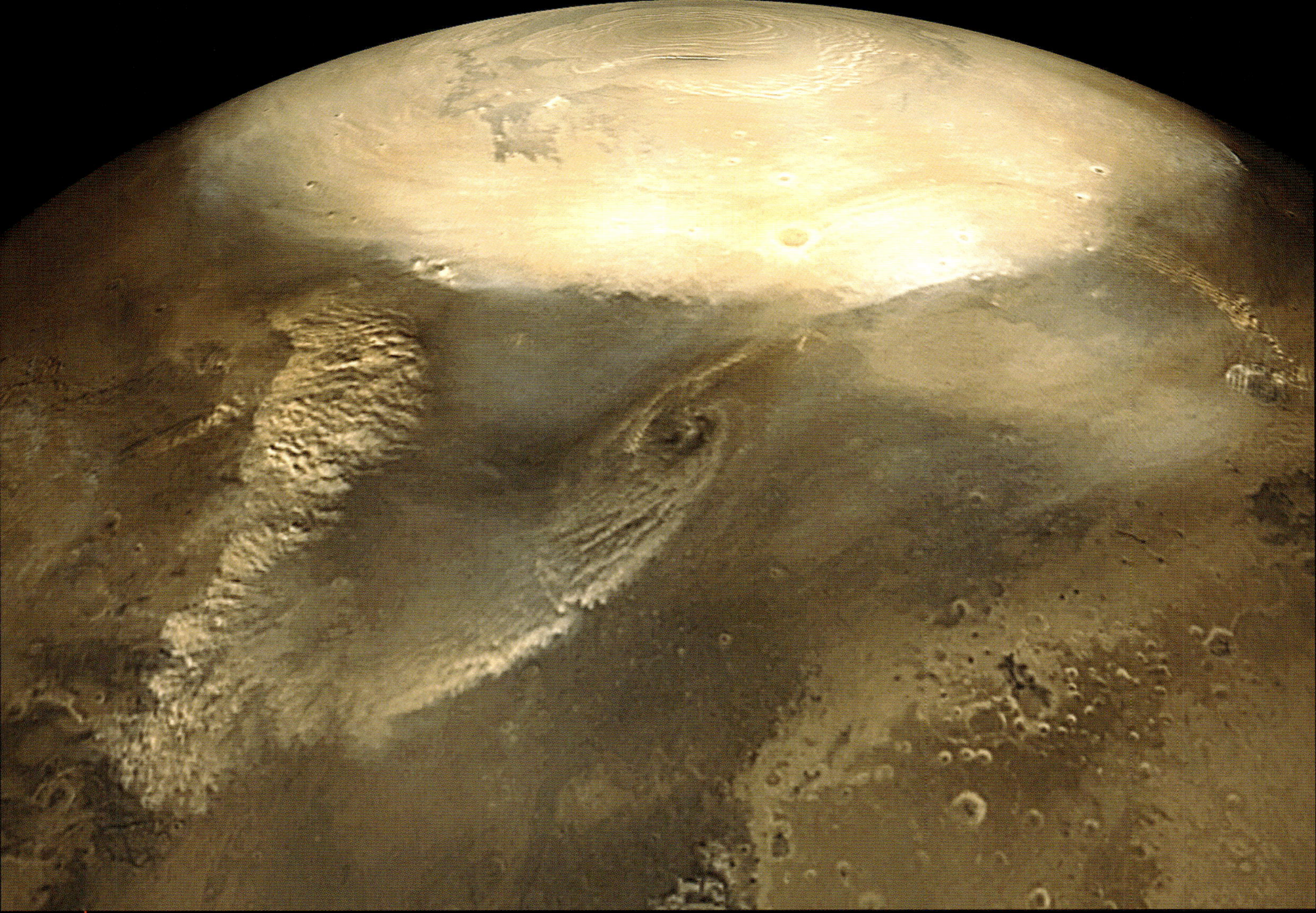

Trotz seiner geringen Größe – er ist nur etwa halb so groß wie die Erde – kennt der Planet Mars meteorologische Phänomene von außergewöhnlichen Ausmaßen. So kann zum Beispiel ein aufkommender Sturm unter Umständen den ganzen Planeten mehrere Tage lang mit einem dicken Schleier von Staub überdecken. Was ist der Grund für diese tobenden Elemente auf dem Mars? Es ist hauptsächlich die Abwesenheit von flüssigem Wasser auf der Oberfläche unseres Nachbarn! Auf der Erde endet ein in der Wüste geborener heftiger Sandsturm irgendwann über einem Meer oder Ozean. Da er nicht mehr mit feiner Materie versorgt wird, verliert er schnell an Stärke. Das ist anders auf dem roten Planeten, wo die entfesselten Elemente ganze Wochen lang wüten können, wie die Staubwolken auf diesem Bild, die bis zum Rand der polaren Gletscherkappe reichen und über die nördliche Hemisphäre des Planeten fegen.
© Mars Global Surveyor/NASA/JPL/MSSS

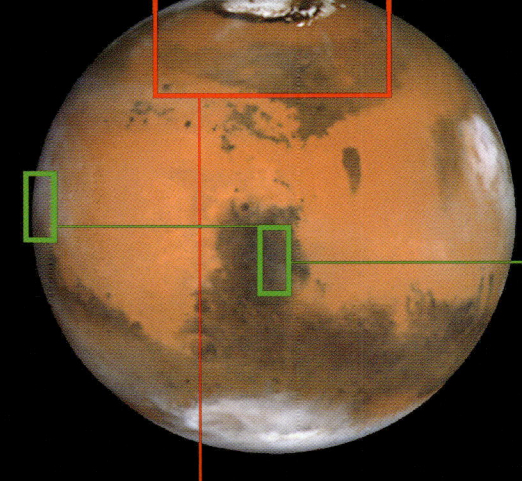

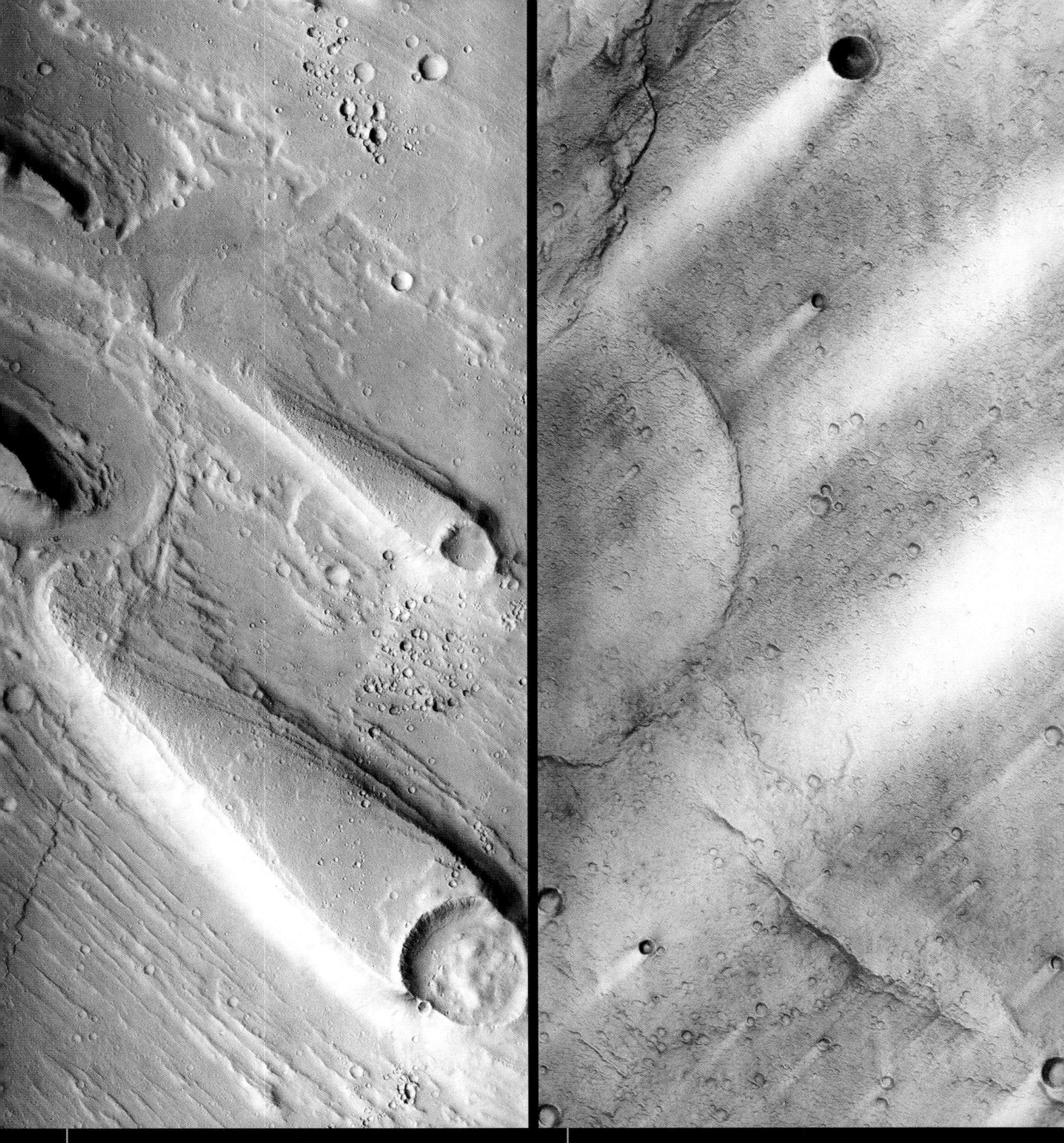

Mehrere Hundert Millionen Jahre lang war die Geographie des Mars hauptsächlich vom Wasser und seinem Flusse gestaltet worden. Dann ist es verschwunden und überließ das Gelände den unermüdlichen Winden. Die beiden oben stehenden Fotos verdeutlichen auf frappierende Weise die Unterschiede der Landschaften, die daraus entstanden. Links, im *Ares Vallis,* haben heftige Überschwemmungen alles auf ihrem Wege mitgerissen und nur ein schwaches Relief hinterlassen, dort wo die Krater als Barrieren gegen die Erosion der Fluten gewirkt haben. Im Bild rechts, vor den herrschenden Winden geschützt, sammeln sich helle Stäube in der Verlängerung der Krater an und zeichnen sich auf den Ebenen von *Syrtis Major* wie lange Kometenschweife ab.

© Mars Odyssey/NASA/JPL/ASU/Themis

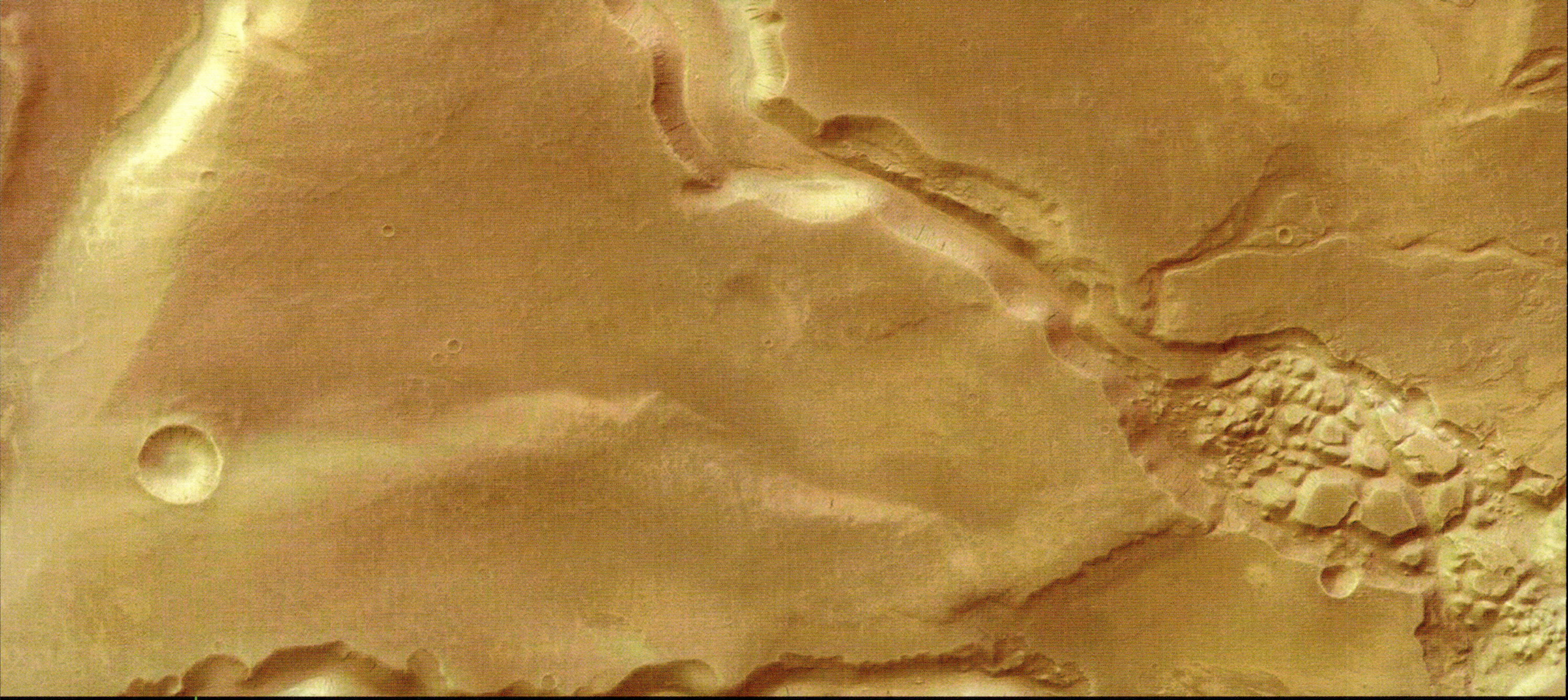

Welche Kraft hat diese Fließspuren hervorbringen können? Ein Fluss, eine Schlammlawine, ein Gletscher ...? Es ist heute noch unmöglich, diese Frage schlüssig zu beantworten. Wird man es eines Tages können?

Offenbar überlagern sich in dieser *Mangala Vallis* benannten Region mehrere geologische Ereignisse. Während die breiteren Täler ohne Zweifel in kurzer Zeit von sintflutartigen Überschwemmungen geschaffen wurden, erinnern andere, viel schmalere, an ein komplexes Netz von Zuflüssen, die vom Regen gespeist wurden.

© Mars Express/ESA/DLR/FU Berlin (G. Neukum)

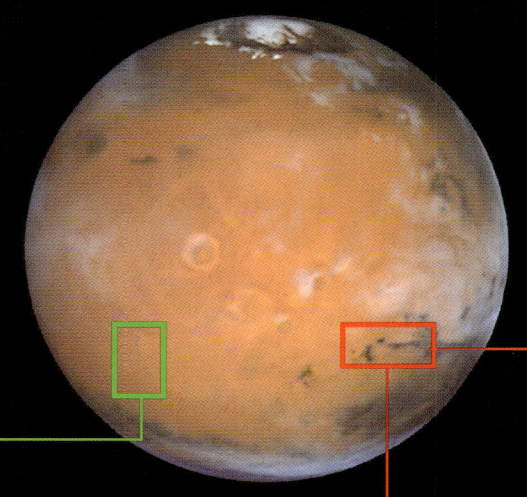

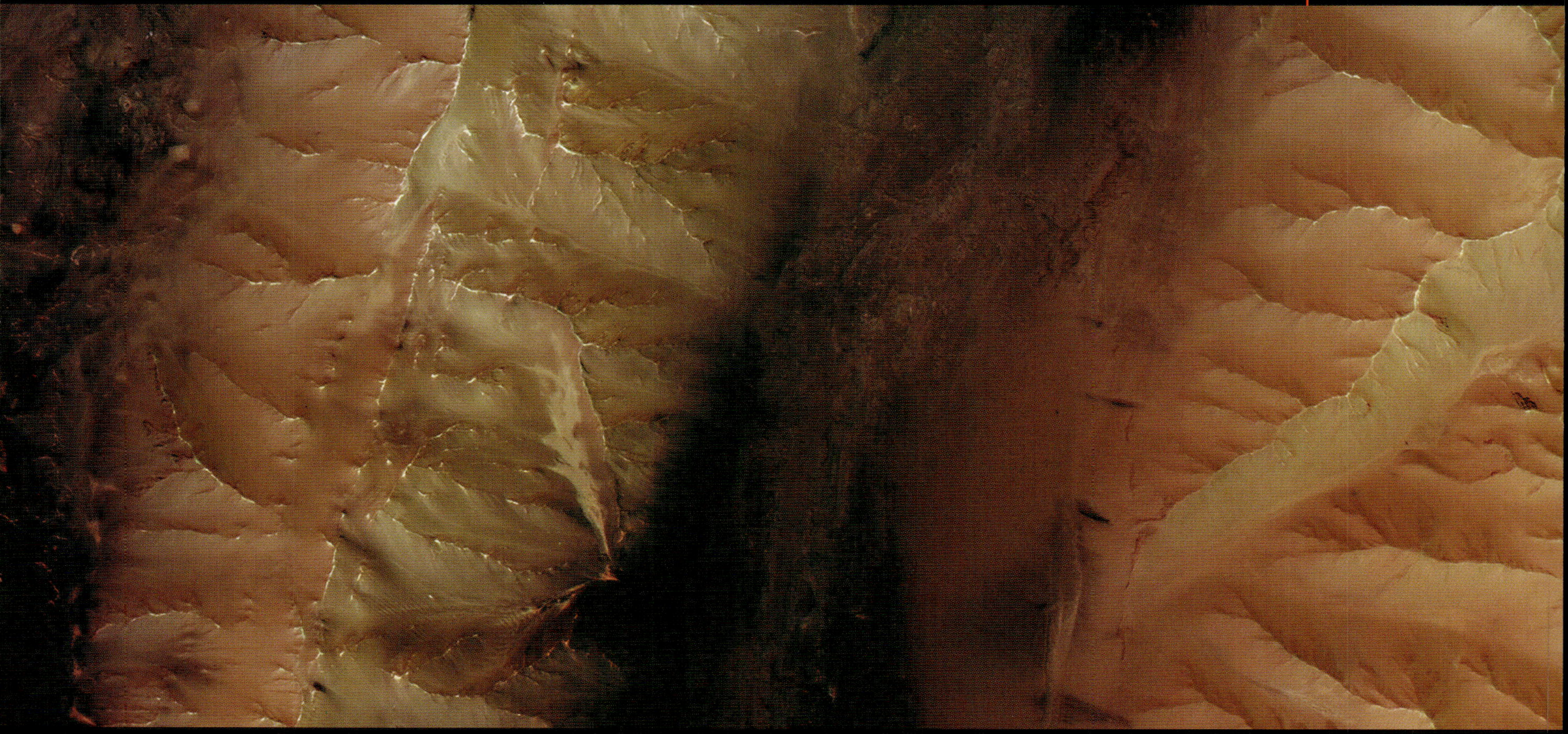

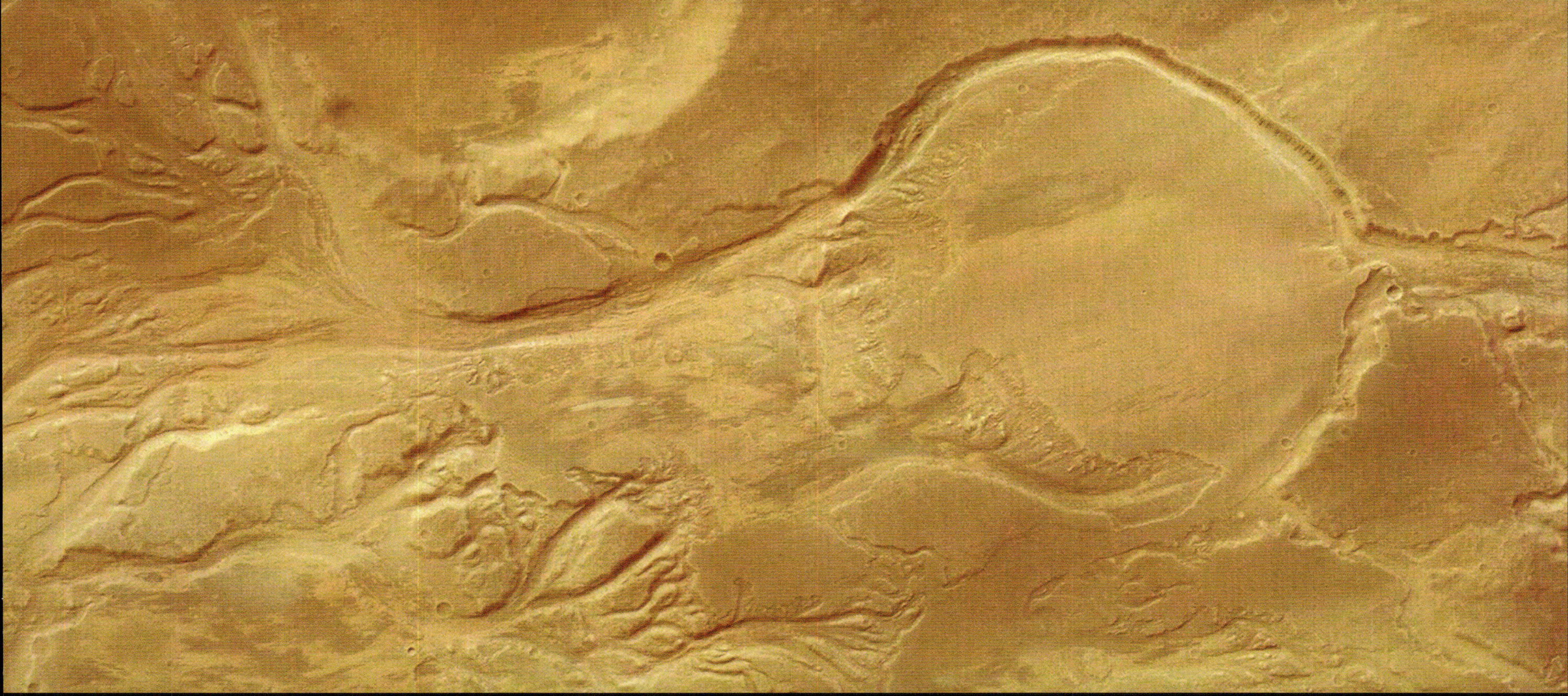

Diese seltsamen Verzweigungen, die an die Form einer durch ein Mikroskop gesehenen Schneeflocke erinnern, sind tatsächlich Erosionstäler, die die Region *Louros Vallis* bilden, einen kleinen Teil des Canyonsystems des *Vallis Marineris*. Diese Oberflächenstrukturen stellen ein immer deutlicher werdendes Indiz dafür dar, dass Wasser im Mars-Untergrund vorhanden war, sei es nun in flüssiger Form oder als Eis. Sein Rückzug verursachte einen Einbruch des darüber liegenden Bodens, und dieser nahm alles mit in den Canyon (breites dunkles Band, rechtwinklig zu den Erosionstälern, das auf der linken Seite des Fotos zu sehen ist.)
© Mars Express/ESA/DLR/FU Berlin (G. Neukum)

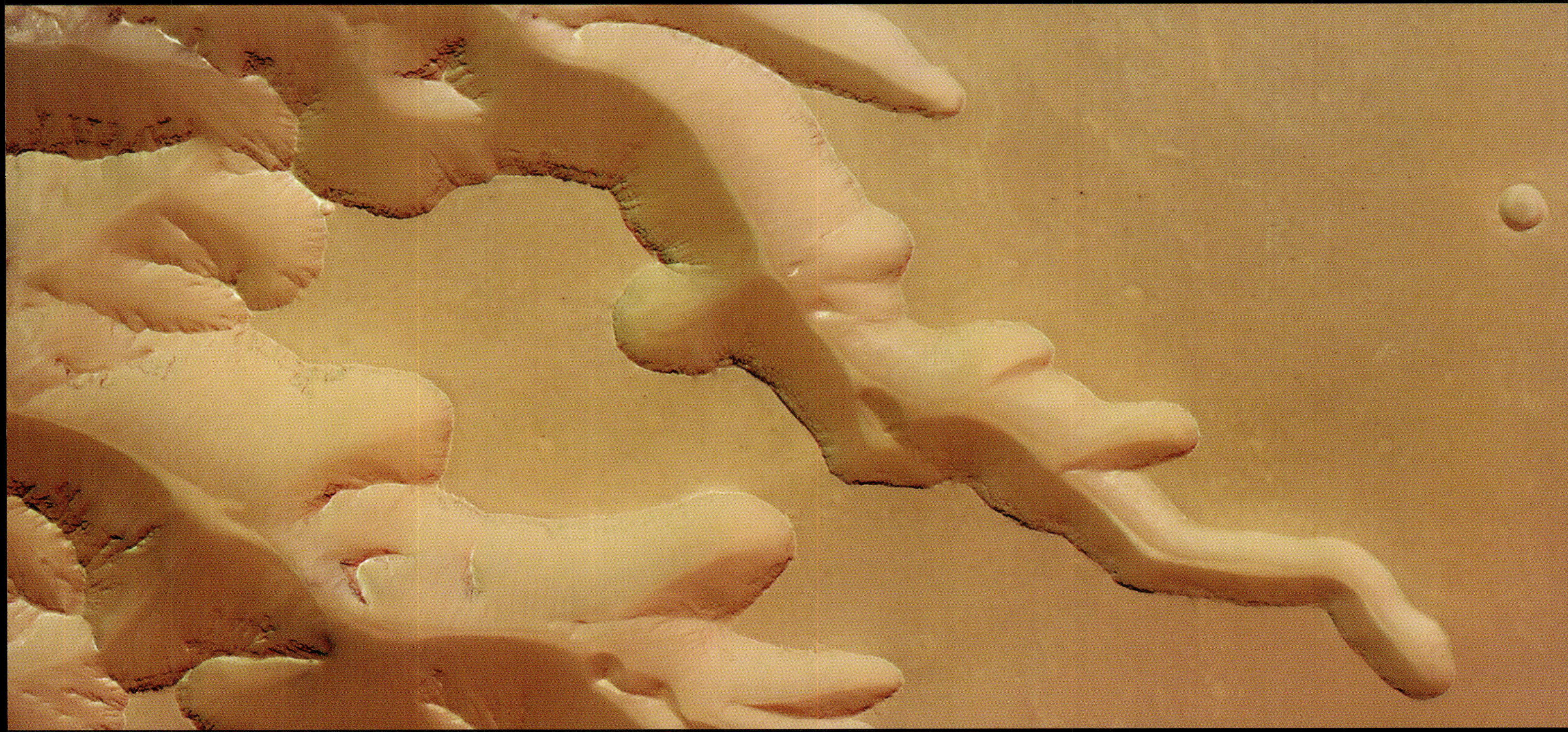

Die ältesten Marskrater sind *paterae* getauft worden (aus dem Lateinischen, bedeutet »flache Schale«). Hier überfliegt die Marssonde *Global Surveyor* die *Apollinaris Patera*, eine Erhebung von 5000 m Höhe und einer Breite von 300 km an ihrer Basis. Eine Wolke aus (Wasser-) Eiskristallen hat sich an ihrem Gipfel verfangen. Dieser Vulkan ist seit mehreren Milliarden Jahren erloschen. Das Dach seiner Magmakammer, die ihn einst erstehen ließ, ist eingebrochen und hat das geschaffen, was die Vulkanologen eine »Caldera« nennen (aus dem Portugiesischen caldera = Kessel). Die von *Apollinaris Patera* misst mehr als 80 km im Durchmesser, also zehnmal mehr als die Caldera des Vulkans Askja auf Island, einer der größten auf der Erde!
© Mars Global Surveyor/NASA/JPL/MSSS

Elysium Mons, sichtbar im Zentrum dieses Bildes, ist kein riesiger Vulkan, legt man die geologischen Maßstäbe des Mars an; er erreicht aber immerhin eine Gipfelhöhe von fast 10 000 m über den umgebenden Ebenen (er ist demnach höher als der Mount Everest, das Dach unserer Welt!). Er ist flankiert von *Hecates Tholus* oben rechts und *Albor Tholus* unten rechts. *Elysium Mons* ist ein perfekter Kegel und seit mehreren hundertmillionen Jahren nicht mehr aktiv, wie zahlreiche Meteoriten-einschläge auf seinen Flanken beweisen, und kein Lavastrom hat ihn jemals bedeckt. Es handelt sich wahrscheinlich um einen Vulkan eines Typs ähnlich dem Stromboli (auf den Äolischen Inseln im Mittel-meer), dessen sehr regelmäßige Zyklen wechseln zwischen explo-siven Phasen mit starkem Aschen-auswurf und eruptiven Phasen mit Ausstoß von Lavaströmen. Die *Elysium*-Ebene ist – neben dem *Tharsis*-Plateau – eine der größten vulkanischen Regionen auf dem Mars.
© Mars Global Surveyor/NASA/JPL/MSSS

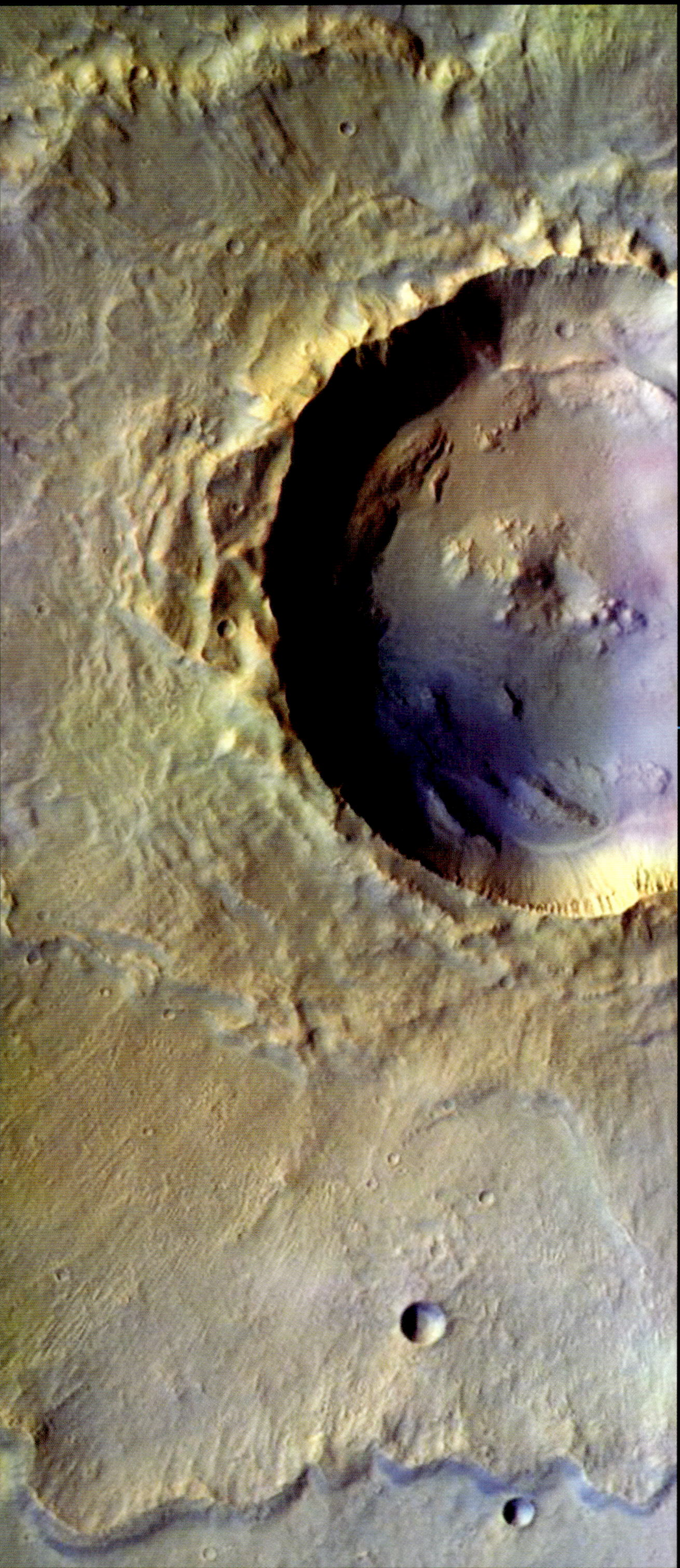

Einfache Krater in Form einer Schale entstehen beim Einschlag kleiner Asteroiden. Derjenige, der diesen Krater (im Bild unten) in der *Elysium*-Ebene erzeugt hat – er hat nur 2,5 km im Durchmesser –, dürfte kaum größer als 100 Meter im Durchmesser gewesen sein. Marskrater sind von großem Interesse für die Wissenschaft, da sie wertvolle Hinweise auf Alter und Zusammensetzung des Bodens liefern, auf dem der Einschlag stattfand. Sie sind für die Geschichte des roten Planeten wie offene Bücher. Der mobile Roboter *Opportunity* hat bei seiner Mission im Jahre 2004 großen Nutzen aus diesen geologischen Archiven ziehen können.
© Mars Odyssey/NASA/JPL/ASU/Themis

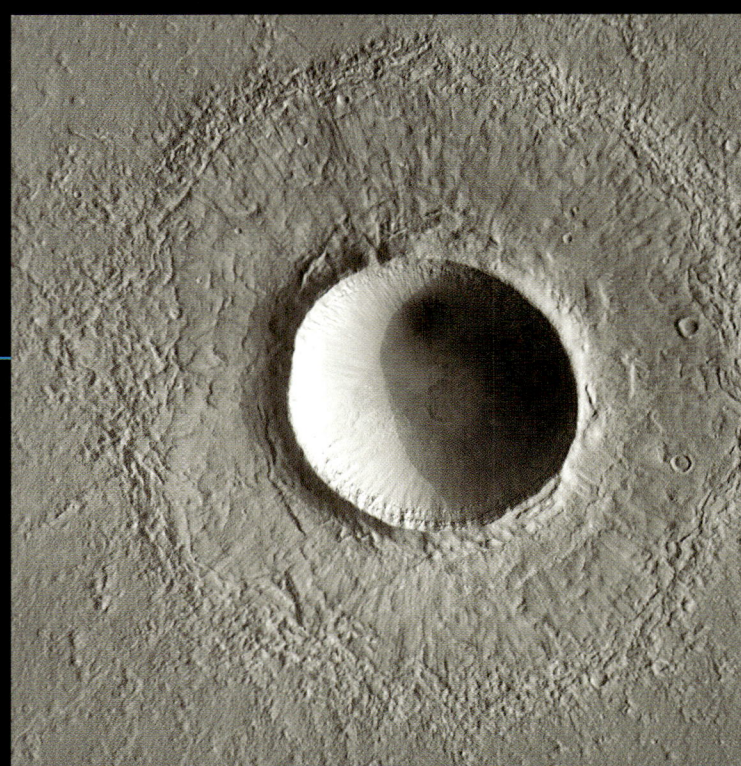

Dieser Krater misst nicht weniger als 30 Kilometer im Durchmesser (Bild links) und hält einige schöne Überraschungen bereit. Neben seiner komplexen inneren Struktur ist er insofern besonders interessant, als er das zeigt, was die Wissenschaftler »ejectas lobes« nennen: ausgeschleuderte Materie, die sich nach dem Einschlag in der Umgebung verteilt hat, als ob es sich um eine zähflüssige Masse handelte. Diese Feststellung lässt unter Umständen die Folgerung zu, dass der Untergrund dieser Zone mit gefrorenem Wasser voll gesogen war, das durch den Schock geschmolzen wurde und dann wieder als Schlamm herunterkam. Die Forscher vermuten tatsächlich, dass ein großer Teil des Wassers, das einst die Küsten des Mars umspülte, Zuflucht im Untergrund des Planeten gefunden hat, wo es dann zu Eis gefror.
© Mars Global Surveyor/NASA/JPL/MSSS

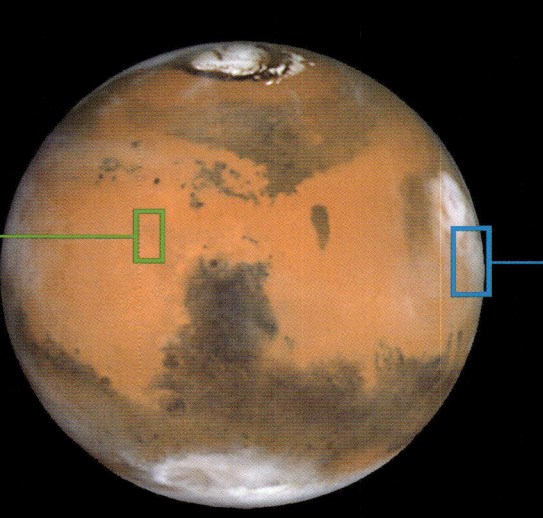

Man kann sich gut vorstellen, wie heftig die Strömung des Wassers gewesen sein muss, die den Wall des weiten Kraters *Moreux* (138 km Durchmesser) in der Region *Ismenius Lacus* verbiegen und durchbrechen konnte. Der Planet Mars scheint mehrere Perioden erlebt zu haben, die durch katastrophale Überschwemmungen gekennzeichnet waren. Letztere wurden vielleicht durch besonders heftige Einschläge von großen Asteroiden verursacht, die das im Untergrund vorhandene Eis enorm erhitzt und dadurch Flutwellen flüssigen Wassers von unerhörter Stärke ausgelöst haben.

Um die brutale Schmelze hier zu erklären, postuliert die zurzeit wahrscheinlichste Hypothese ein Aufsteigen von Lava an die Oberfläche des Planeten, verursacht durch einen besonders gewaltigen Einschlag.

© Mars Odyssey/NASA/JPL/ASU/Themis

Roboter auf dem Mars

Der Monat Januar 2004 ging als historisches Datum in die Geschichte der Erkundung des Mars ein. Am 4. gelang dem mobilen Roboter *Spirit* eine sichere Landung auf dem Grund des Kraters *Gusev*. Dieser erste Erfolg war besonders willkommen nach einer Serie schmerzhafter Fehlschläge für die NASA. Dann am 25. landet *Opportunity*, der Zwillingsbruder von *Spirit*, auf *Terra Meridiani*.

Und hier ist jetzt wirklich Glück im Spiel: Das Gerät kommt inmitten eines Kraters zum Stillstand, der gesäumt ist von vielen Felsen, einer wahren mineralogischen Bibliothek, die einen hervorragenden Zugang zu den geologischen Archiven des roten Planeten ermöglicht. *Opportunity* wird in dieser Kulisse mehrere entscheidende Beweise für eine wasserreiche Vergangenheit des Mars entdecken. Die auf dem Foto (linke Seite) sichtbaren Spuren der Räder von *Spirit* erinnern unwillkürlich an ein anderes Bild: den Fußabdruck des ersten Menschen, der vor 35 Jahren den Boden des Mondes betreten hat. Es sind zwar heute noch Roboter, die die ersten Erkundungen durchführen, aber wenn die ersten Bilder erscheinen, sind es doch bewegende Momente.

Solche Maschinen, die ohne Zittern diese neue Welt filmen, in der sie gelandet sind, sind die bestmögliche Vorhut für die Menschen. Die außerordentliche Qualität der Fotografien, die sie uns übermittelt haben, das erstaunliche Bordbuch dieser Abenteurer aus Stahl und Silizium, in dessen Seiten wir nun endlich blättern können, dies alles gab den Anstoß zu diesem Buch.

Spirit ist auf dem Grund eines Kraters von 150 km Durchmesser gelandet: *Gusev*. Es handelt sich um eine weite Ebene, übersät mit Steinen kleiner Größe. In einiger Entfernung erkennt man (Bild oben) die *Columbia*-Hügel, benannt nach der Mannschaft der amerikanischen Raumfähre, die so tragisch im Februar 2003 ums Leben kam. Diese Erhebungen sind nicht höher als einige hundert Meter, aber sie fesseln dennoch die Blicke der Forscher. Seit den ersten Tagen der Mission brennen sie vor Ungeduld, *Spirit* die Hänge dieser Höhen hochklettern zu sehen, in der Hoffnung, dann verstehen zu können, wie sie entstanden sind. In einer Entfernung von 3 km sind sie theoretisch noch in Reichweite des Roboters. Aber der Weg könnte mit unvermuteten Fallstricken übersät sein. Endlich, im Juni 2004, nach fünf langen Monaten des Einsatzes und mehr als 3,4 km Weg und Umweg, beginnt *Spirit* seinen Aufstieg auf die roten *Columbia*-Hügel.

© Spirit/NASA/JPL/ASU

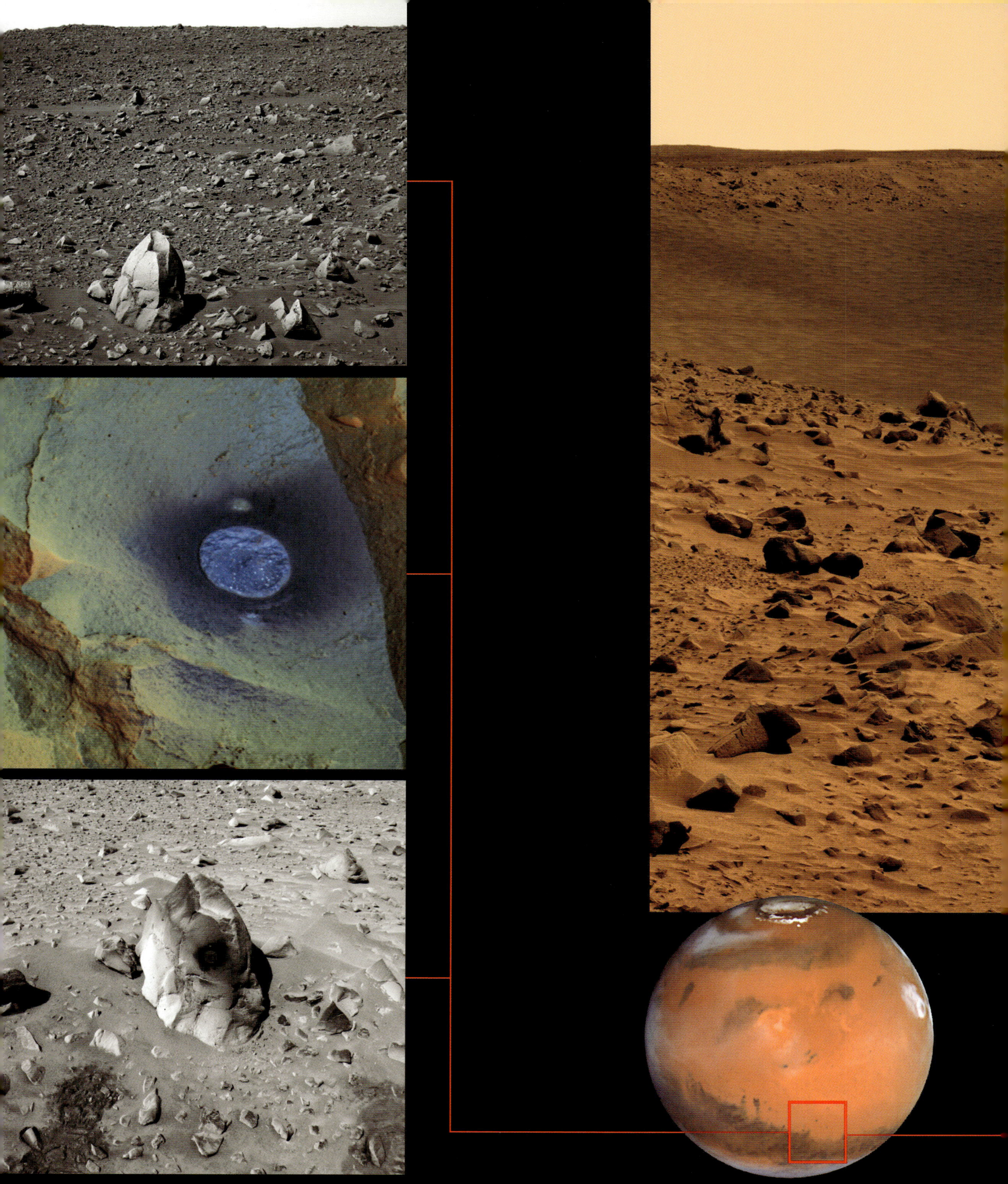

Vor dem Sturm auf die *Columbia*-Hügel macht *Spirit* einen Schlenker, um den Krater *Bonneville* zu inspizieren, der oben abgebildet ist. Unterwegs trifft er auf *Humphrey* (linke Seite), einen vulkanischen Felsen von etwa sechzig Zentimetern Höhe. Nachdem er diesen mit seinen »Folterinstrumenten« bearbeitet hat, die zunächst die Oberfläche anschürfen und polieren und anschließend analysieren, erhält er die ersten wissenschaftlichen Ergebnisse: Es finden sich Kristalle, die sich nur in der Gegenwart von Wasser gebildet haben können. Und schon unendlich kleine Mengen der kostbaren Flüssigkeit könnten genügen, diese Analyse zu bestätigen. Dennoch konnten die Instrumente von *Spirit* trotz ermutigender geologischer Indizien keine schlüssigen Beweise liefern, dass der Krater *Gusev* einst ein großer See voll Wasser war, wie es manche Spezialisten vermuten (siehe Seite 61).

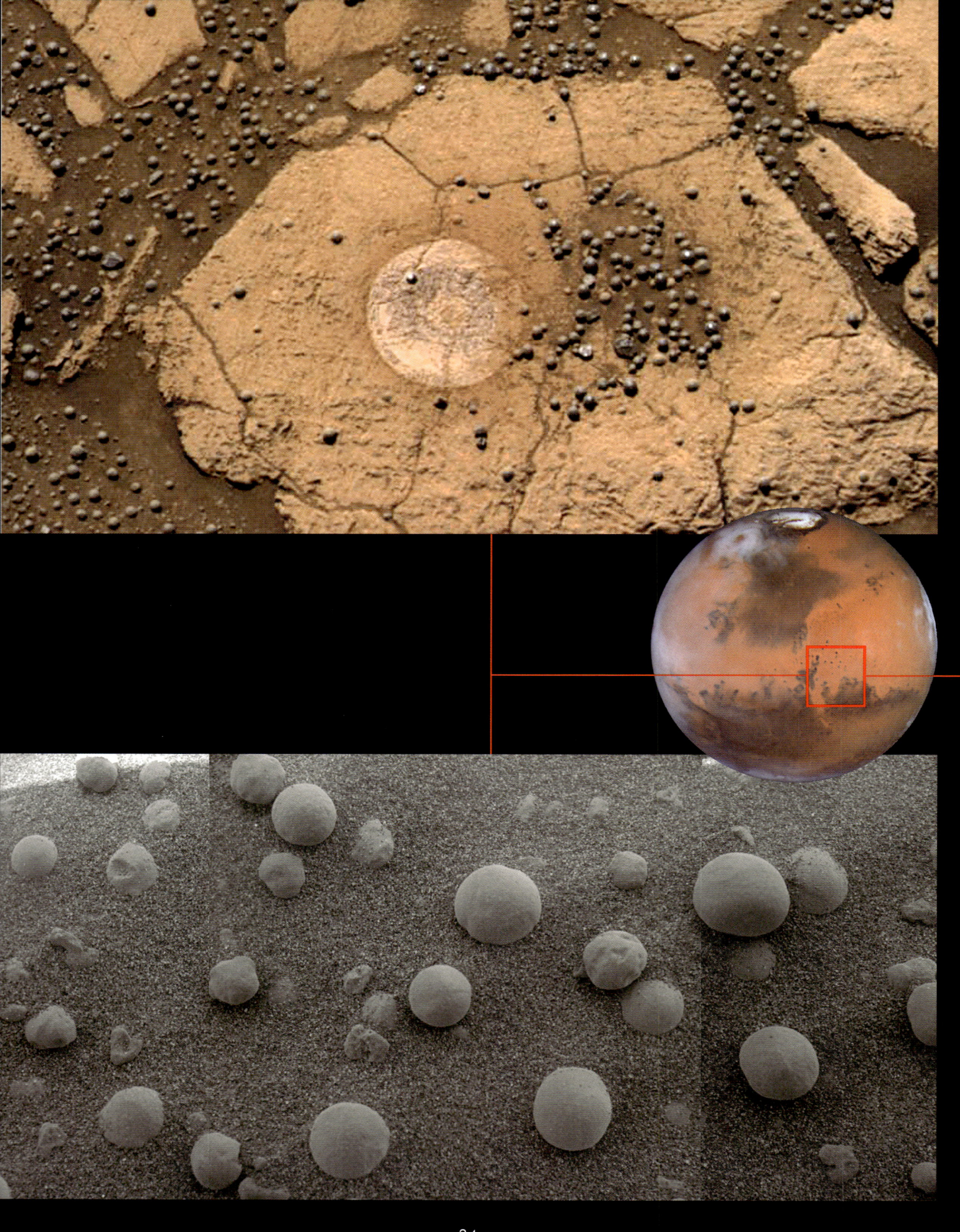

Während *Spirit* arbeitet, ist *Opportunity* nicht faul. Auf der anderen Seite des roten Planeten fährt er einen Erfolg nach dem anderen ein. Am 3. März 2004 verkündet die NASA, dass sie beweisen könne, dass *Terra Meridiani* einst eine weit ausgedehnte Salzwasserfläche war. Hauptsächliches Indiz, das diese tolle Entdeckung bestätigt: Der Boden um *Opportunity* herum ist mit winzigen Kügelchen übersät, deren Durchmesser 5 mm nicht übersteigt. Diese Kügelchen – die amerikanischen Forscher nennen sie »Blaubeeren« – findet man auch in sedimentären Schichten, die am Rand des Kraters *Eagle* zutage treten, wo der Forschungsroboter gelandet ist. Hier kann es sich also nicht um Tröpfchen geschmolzenen Gesteins handeln, die sich bei einer vulkanischen Eruption oder während eines Meteoriteneinschlags gebildet haben, denn diese »Blaubeeren« sind das Ergebnis einer langsamen Kristallisation in einem besonderen Milieu: flüssig ... und vor allem salzhaltig!

© Opportunity/NASA/JPL/ASU

Ende des Monats März 2004 hat *Opportunity* den Krater, in dem er gelandet ist, schon fast zwei Monate lang untersucht. Nun ist es Zeit, neue Horizonte zu suchen. Der mobile Roboter versucht einen Ausflug, wie die Radspuren im oberen rechten Eck des Fotos bezeugen. Unglücklicherweise ist die Steigung in dieser Richtung ein wenig zu groß für das Fahrzeug! Die Kontrolleure, bei ihrem Vorgehen von überschäumendem Optimismus beseelt, müssen ihre Strategie neu überdenken. *Opportunity* verliert einen vollen Tag bei einem neuen Manöver. Aber seien wir nicht kleinlich! Die Beweise, die der Roboter für eine frühere Existenz von flüssigem Wasser auf der Marsoberfläche gesammelt hat, garantieren jetzt schon den riesigen Erfolg der Mission.

© Opportunity/NASA/JPL/ASU

Die Entscheidung fiel nicht leicht. Sollte *Opportunity* so programmiert werden, dass er in *Endurance*, diesen weiten Krater von 132 m Durchmesser eindringt, auf die Gefahr hin, nie wieder aus ihm herauszukommen? Um auf Nummer sicher zu gehen, ließen die Ingenieure den mobilen Roboter den Krater umrunden und ihn von allen Seiten fotografieren, um das wissenschaftliche Interesse zu ermitteln. Die Panorama-Aufnahme der vier folgenden Seiten zeigt die Struktur dieses Kraters, der fast so groß ist wie das Olympiastadion von Athen. Im Zentrum des Bildes, in der Ferne genau unterm Horizont, ist der Landeplatz von *Opportunity* sichtbar und die Spuren seiner Anfahrt zum Krater *Endurance*. Die Fotos oben zeigen einen Ausschnitt der Kraterwände in natürlichen Farben (oberes Bild) und mit einem Instrument, das den mineralischen Reichtum der Stätte aufzeigt: Neben reinem harten Basalt (blau), den man oft über die Marsoberfläche verstreut findet, unterscheidet das Auge des Spezialisten Mischungen von Eisenoxyd und Basalt (grün), während Rot und Gelb pulverförmige und schwefelhaltige Stoffe verraten. Die Anwesenheit Letzterer bekräftigte das Interesse an *Endurance* …, und *Opportunity* begann seinen Abstieg in den Krater.

© Opportunity/NASA/JPL/ASU

Indem er gleichzeitig mit dem ausgeprägten Gefälle des *Endurance*-Kraters (in der Größenordnung von 20°) und der Sonne im Rücken spielte, gelang *Opportunity* dieses spektakuläre Selbstporträt als Silhouette. Denkt man da nicht unwillkürlich an einen Kampfroboter, geradewegs dem Film *Terminator* entsprungen? Eine spektakuläre Verwandlung dieser Maschine, die doch kaum größer ist als ein Golf-Caddy …
© Opportunity/NASA/JPL/ASU

Eine der wichtigsten Entdeckungen, die im *Endurance*-Krater gemacht wurden, ist die Existenz dieser erstaunlichen »Zähne«, die im Boden eingebettet sind. Es handelt sich vermutlich um mineralische Ablagerungen, eine Art winziger Stalagmiten, aufgebaut vom Wasser, das einst in Hohlräume von Felsen versickert ist, die heute wegerodiert sind. Diese Ablagerungen, geschaffen vom langsamen Wirken des flüssigen Elements, sind stabiler als der sie umgebende Fels und haben so länger der Erosion standgehalten. *Opportunity* hat im *Endurance*-Krater Anzeichen von flüssigem Wasser in fünf aufeinander folgenden geologischen Schichten entdeckt. Der Beweis ist nunmehr erbracht, dass Wasser in flüssiger Form dauerhaft auf dem Mars vorhanden war.
© Opportunity/NASA/JPL/ASU

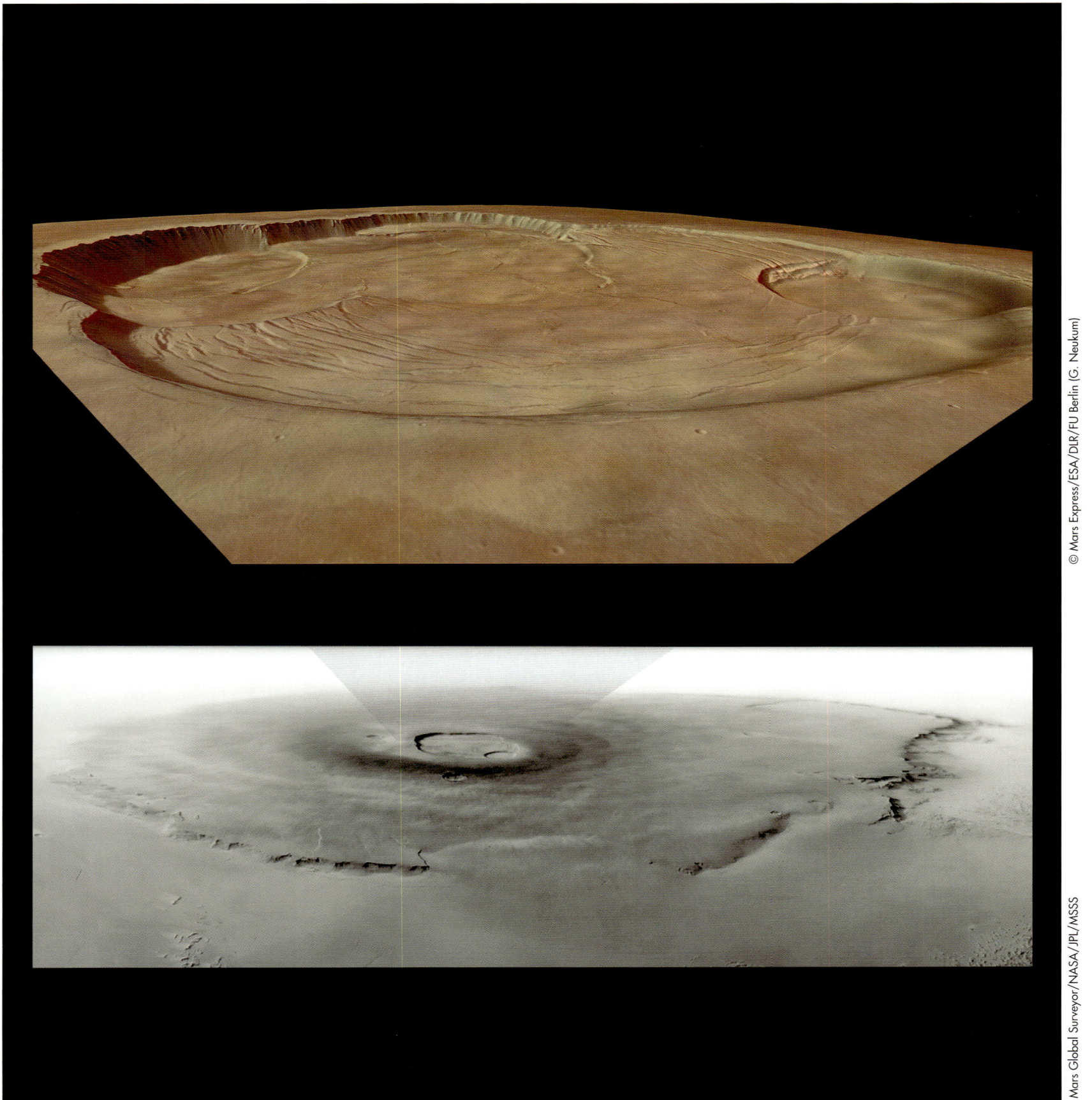

Vulkane und Krater

Ohne Vulkanismus und Meteoriteneinschläge wäre der Mars nicht das, was er heute ist. Die Kruste des Planeten scheint niemals einer tektonischen Plattenbewegung unterworfen gewesen zu sein, vergleichbar mit denen, die regelmäßig geologische Aktivitäten auf der Erde auslösen. Indessen beherbergt der rote Planet die höchsten im Sonnensystem bekannten Erhebungen, und neben den meisten seiner Vulkane würde die Himalajakette lediglich als Mittelgebirge erscheinen.

Olympus Mons zum Beispiel, dessen gigantische Dimensionen man auf der nebenstehenden Seite ermessen kann (600 km Durchmesser an seiner Basis!), reicht mit seinem höchsten Punkt mehr als 26 km über das mittlere Niveau des Planeten hinaus. Seine Caldera, d. h. der eingestürzte Gipfel seines Vulkankegels, misst um die 80 km in seiner größten Breite und ist 2600 m tief.

Dieser Vulkan verdankt seine außergewöhnlichen Dimensionen der Dicke und Unbeweglichkeit der Marskruste. Magmaschübe haben nämlich seit Hunderten Millionen von Jahren denselben Kamin benutzt und den *Olympus Mons* langsam, aber sicher wachsen und immer schöner werden lassen. Ein solches Szenario ist auf der Erde unmöglich, da sich die vulkanische Erhebungen tragenden tektonischen Platten über dem Magma-Reservoir verschieben. Diese sehr langsamen Bewegungen sind zum Beispiel verantwortlich für die Entstehung von Inselgruppen, bestehend aus einer Kette von Vulkanen wie die der Kanarischen Inseln oder von Hawaii.

Der Mars zeigt gleichermaßen eine Vielzahl von Einschlagskratern, entstanden durch den Fall von Meteoriten. In allen Größen – bis zu mehreren Tausend Kilometern Durchmesser – haben diese Krater die Oberfläche des Planeten durchbrochen, as er weniger als eine Milliarde Jahre alt war. Die Forscher vermuten, dass die größten unter ihnen Seen oder echte Binnenmeere beherbergt haben – damals, als noch flüssiges Wasser auf unserem Nachbarn vorhanden war.

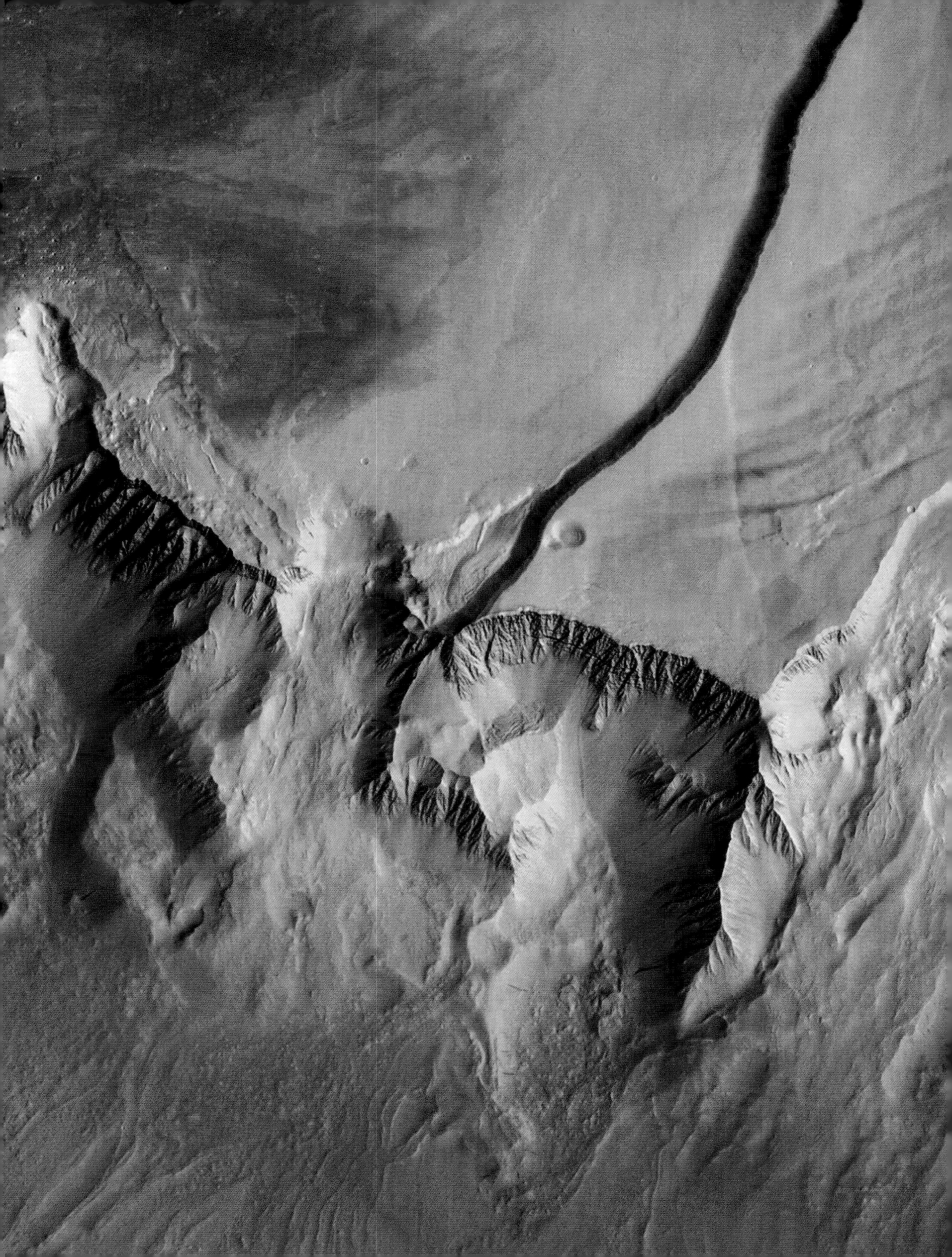

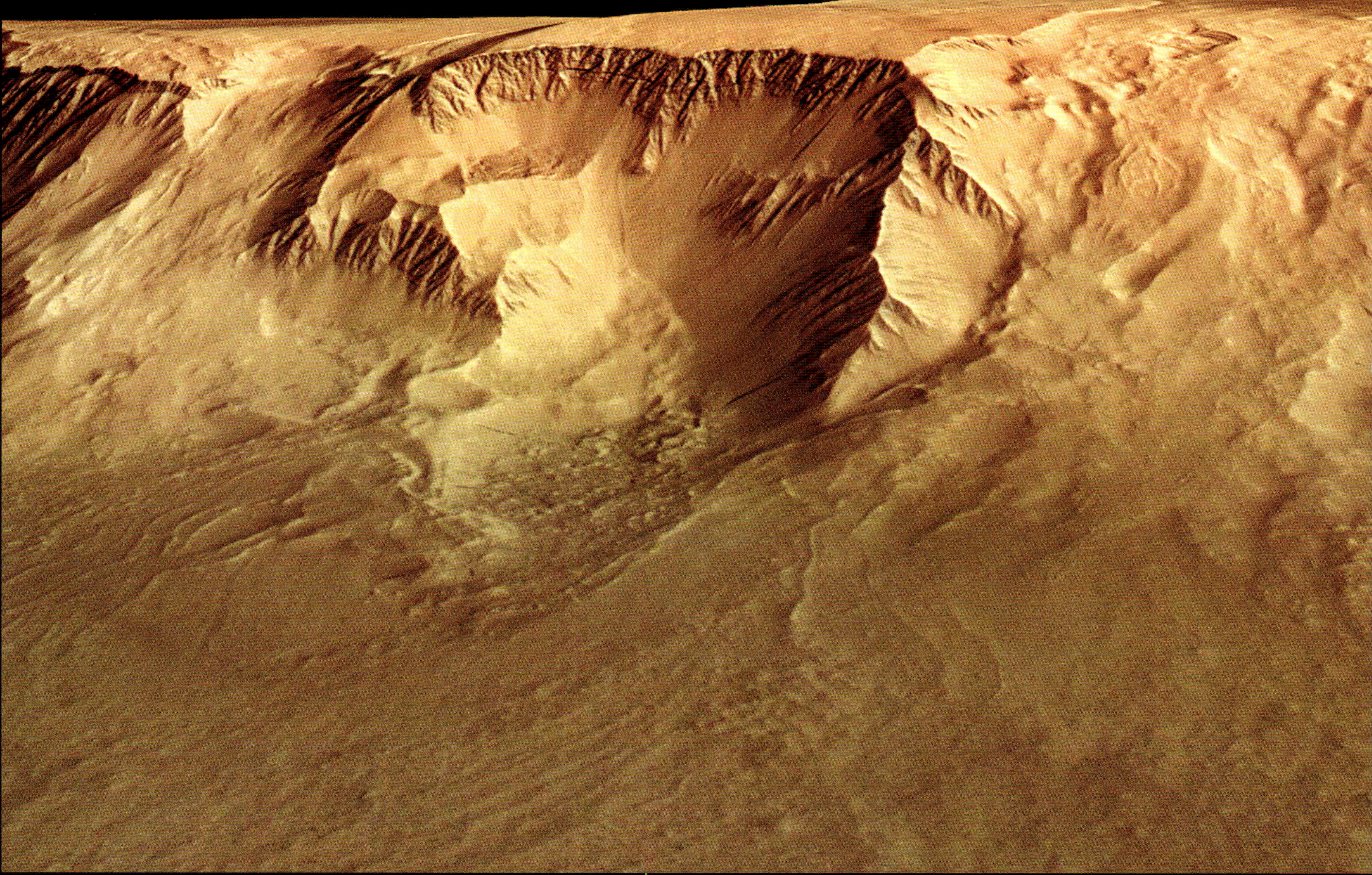

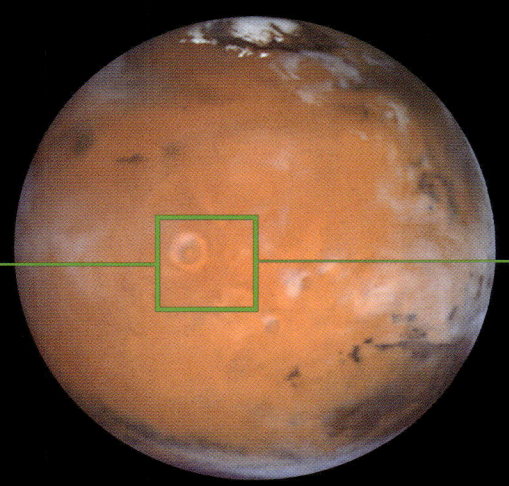

Wenn sich eines Tages Menschen an das Besteigen des *Olympus Mons* machen werden, so werden es nicht die letzten paar hundert Meter sein, die ihnen Schwierigkeiten bereiten werden, sondern die ersten 6000! Dieser Riesenvulkan, von dem einige Indizien durchaus noch Aktivität vermuten lassen, ist nämlich von einem Felsgürtel von schroffer Steilheit umgeben, der bis zu 6 km hoch ist. Dennoch bieten, wie obiges Bild zeigt, lokale Einstürze Zugangswege mit vernünftiger Steigung. Ist das erste Hindernis einmal überwunden, wird der Aufstieg zum Spaziergang, übersteigt doch die Neigung nicht mal 6°. Jedoch müssten die Abenteurer angesichts eines mittleren Durchmessers von 600 km des *Olympus Mons* noch mehr als 250 km zurücklegen, um die riesige Gipfel-Caldera zu erreichen, die in Wirklichkeit ein Ensemble von sechs ineinander verschachtelten Calderas ist (siehe Seite 44). Paradoxerweise wird ein Beobachter, der am Rande des größten Vulkans des Sonnensystems steht, dessen Gipfel nicht sehen können. Er befindet sich aufgrund der geringen Steigung und großen Entfernungen hinter dem Horizont!

© Mars Express/ESA/DLR/FU Berlin (G. Neukum)

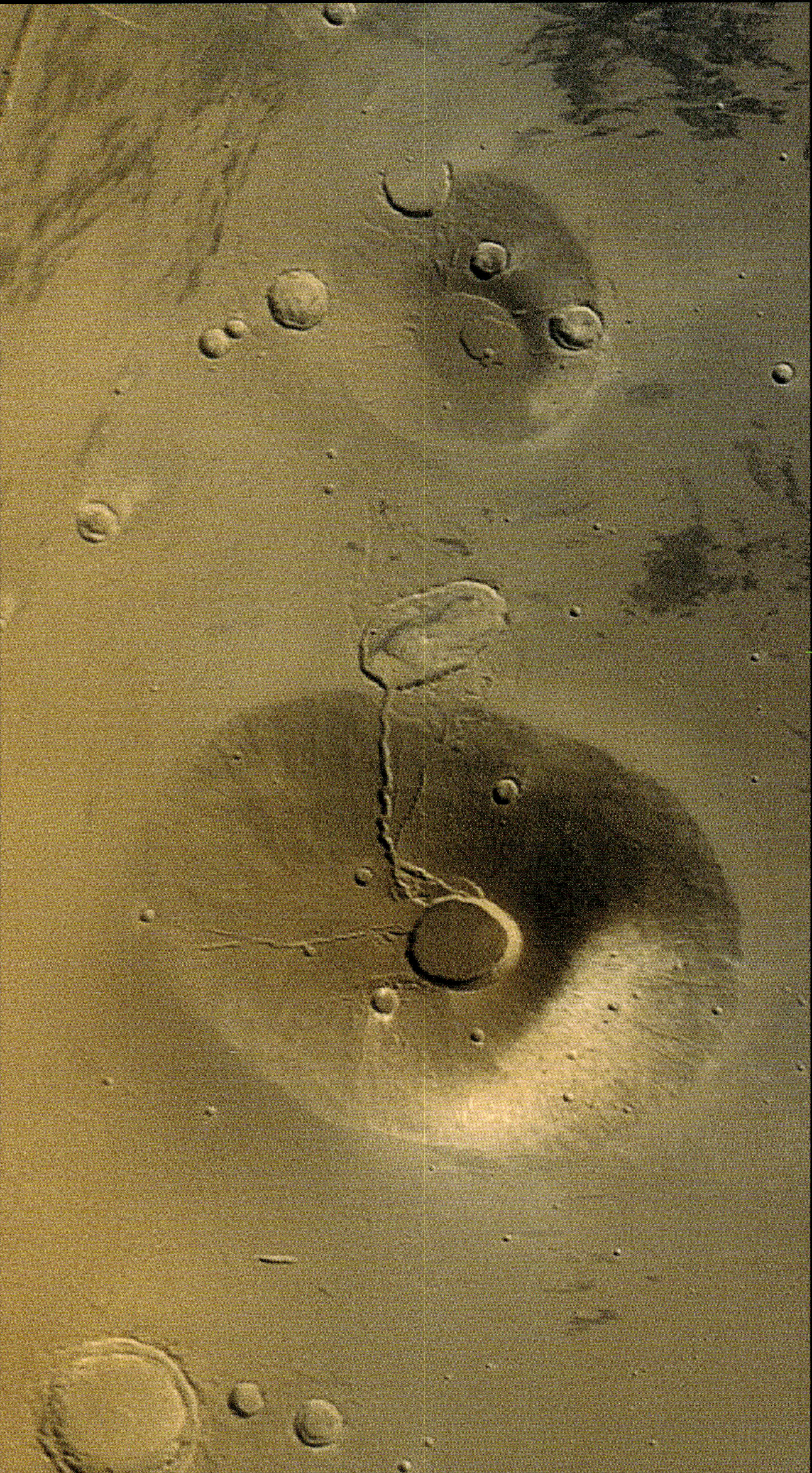

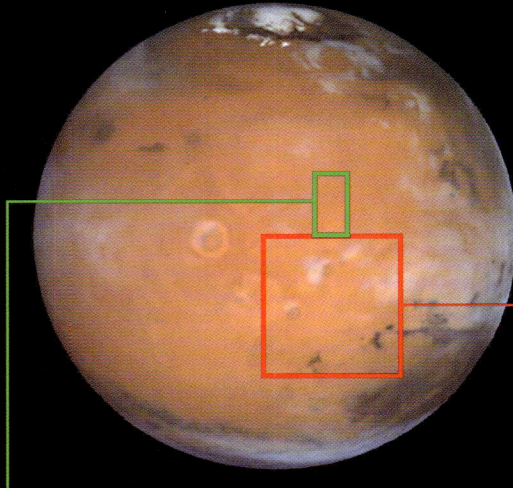

Während die jüngsten Vulkane auf dem Mars erst vor einigen Dutzend oder Hunderten Millionen von Jahren – also erst gestern auf geologischer Zeitskala – eingeschlafen sind, sind dagegen *Uranius Tholus* und *Ceraunius Tholus*, die beiden vulkanischen Erhebungen oben und unten auf dem Foto zu erkennen, nicht erst nach dem letzten Meteoritenregen geboren. Ihre Flanken, gezeichnet von einer Vielzahl von Einschlägen, zeugen davon. Die Anzahl der Krater, die auf der Oberfläche vorhanden sind, ist nämlich einer der sichersten Indikatoren, um das Alter der verschiedenen Marsregionen zu bestimmen. Hier kann für diese Vulkane an der Nordostflanke des *Tharsis*-Plateaus aus der Größe und Zahl der Einschläge auf ein Alter von mehreren Milliarden Jahren geschlossen werden.
© Mars Global Surveyor/NASA/JPL/MSSS

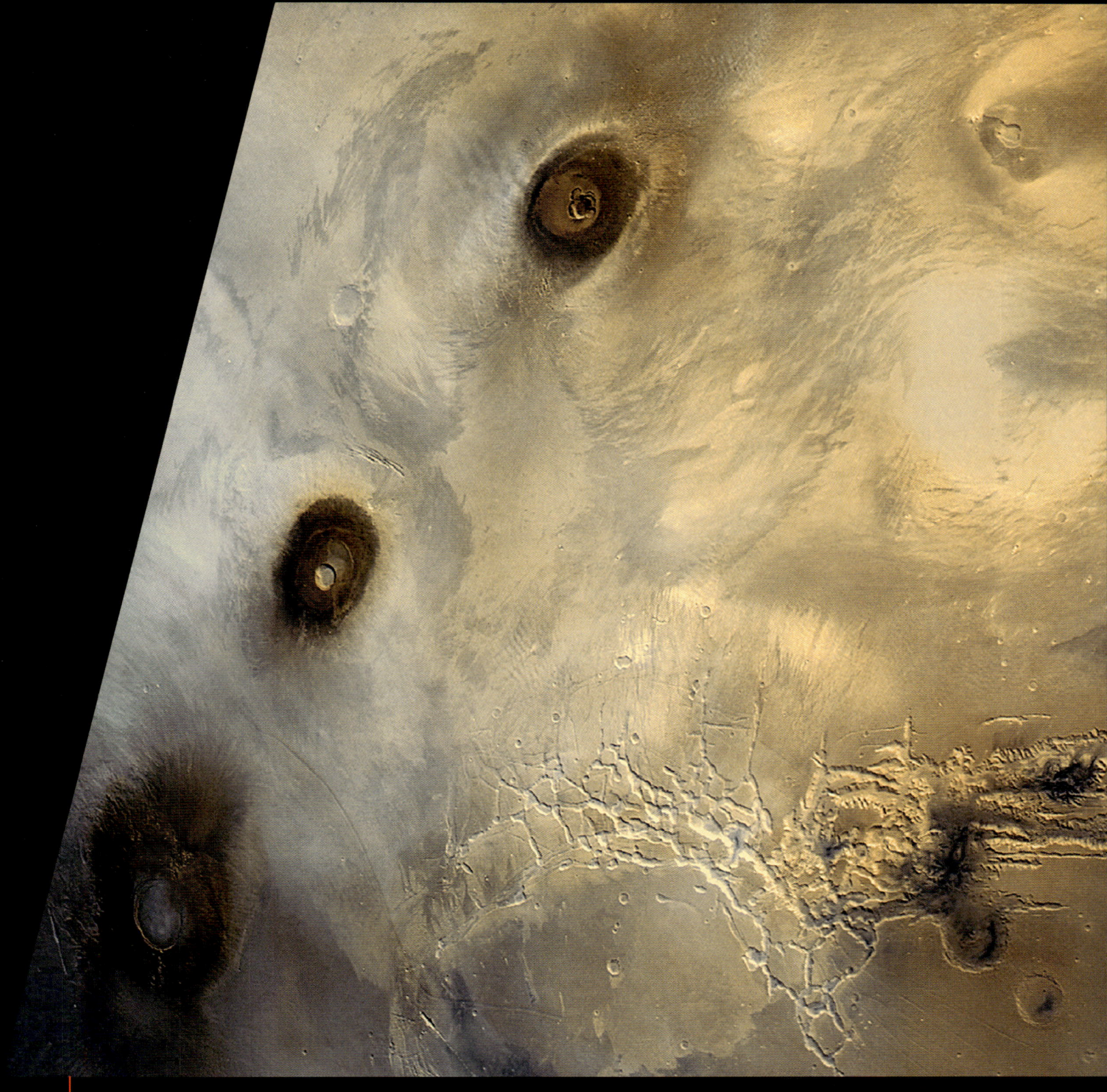

Die *Tharsis*-Erhebung, ein riesiges Plateau von 5000 km Durchmesser, das sich bis zu 5000 m über der Umgebung erhebt, ist die Region mit einer Ansammlung der eindrucksvollsten Überreste der vulkanischen Vergangenheit des Mars. Das Aufwerfen dieser Formation unter dem Druck einer gigantischen Magmatasche hat ohne Zweifel vor mehr als zwei Milliarden Jahren das ausgelöst, was dann das *Vallis Marineris* werden sollte (siehe Seite 76). Neben dem gigantischen *Olympus Mons* – nicht sichtbar auf diesem Foto – vereinigt diese Region drei Riesenvulkane, die wie Perlen entlang eines Grabenbruchs aufgereiht sind, dessen Linie von Südwest nach Nordost verläuft. Von unten nach oben zeigen *Arsia Mons, Pavonis Mons* und *Ascraeus Mons* ihre abgeplatteten Kegel in Schildform. Der niedrigste, *Pavonis Mons*, erreicht immerhin noch fast 15 000 m, und die höchste Caldera, Ascraeus Mons, thront in 18 000 m Höhe. Das kolossale Gewirr des *Labyrinthus Noctis* erscheint im unteren Bildteil, es ist rechts mit dem *Vallis Marineris* verbunden.

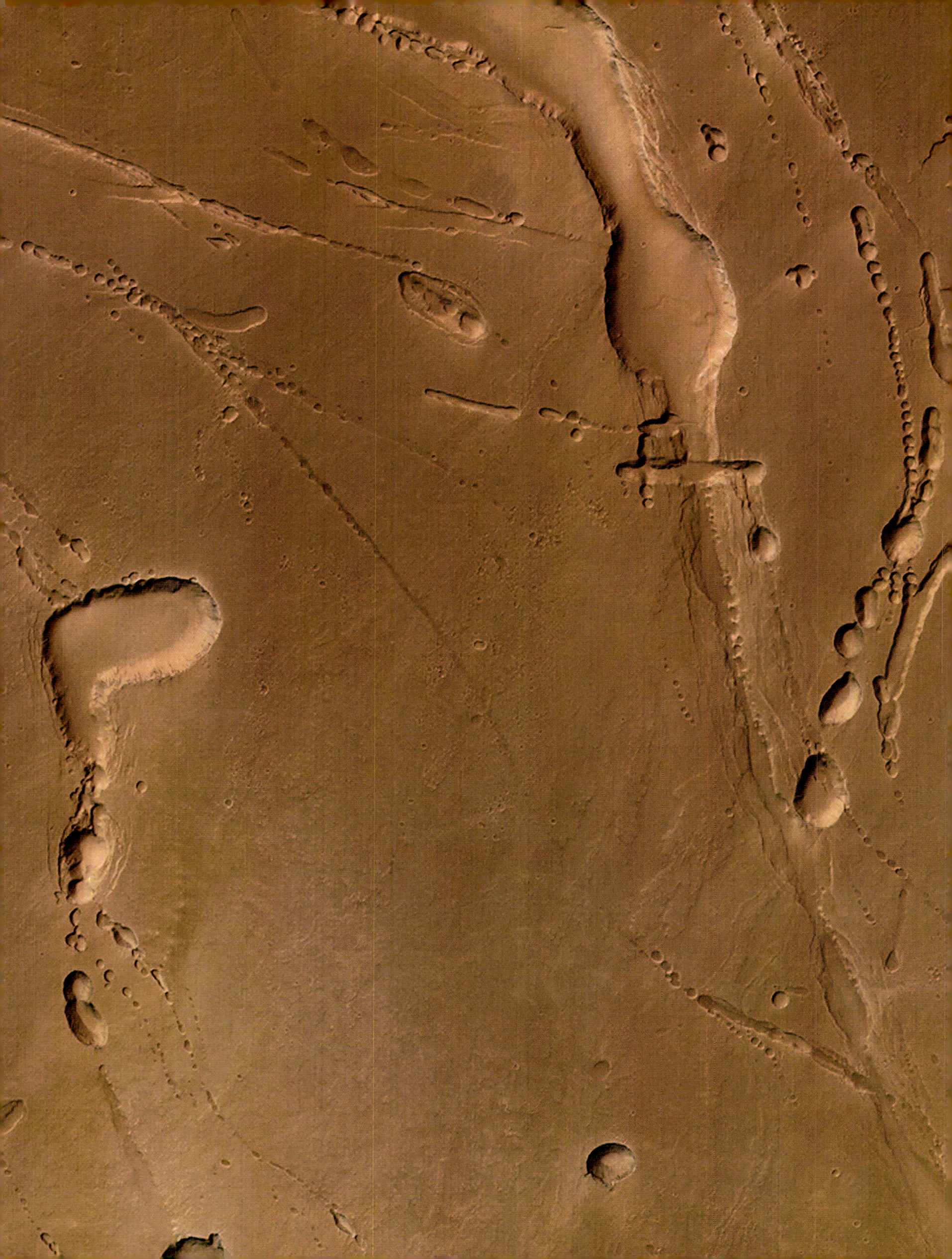

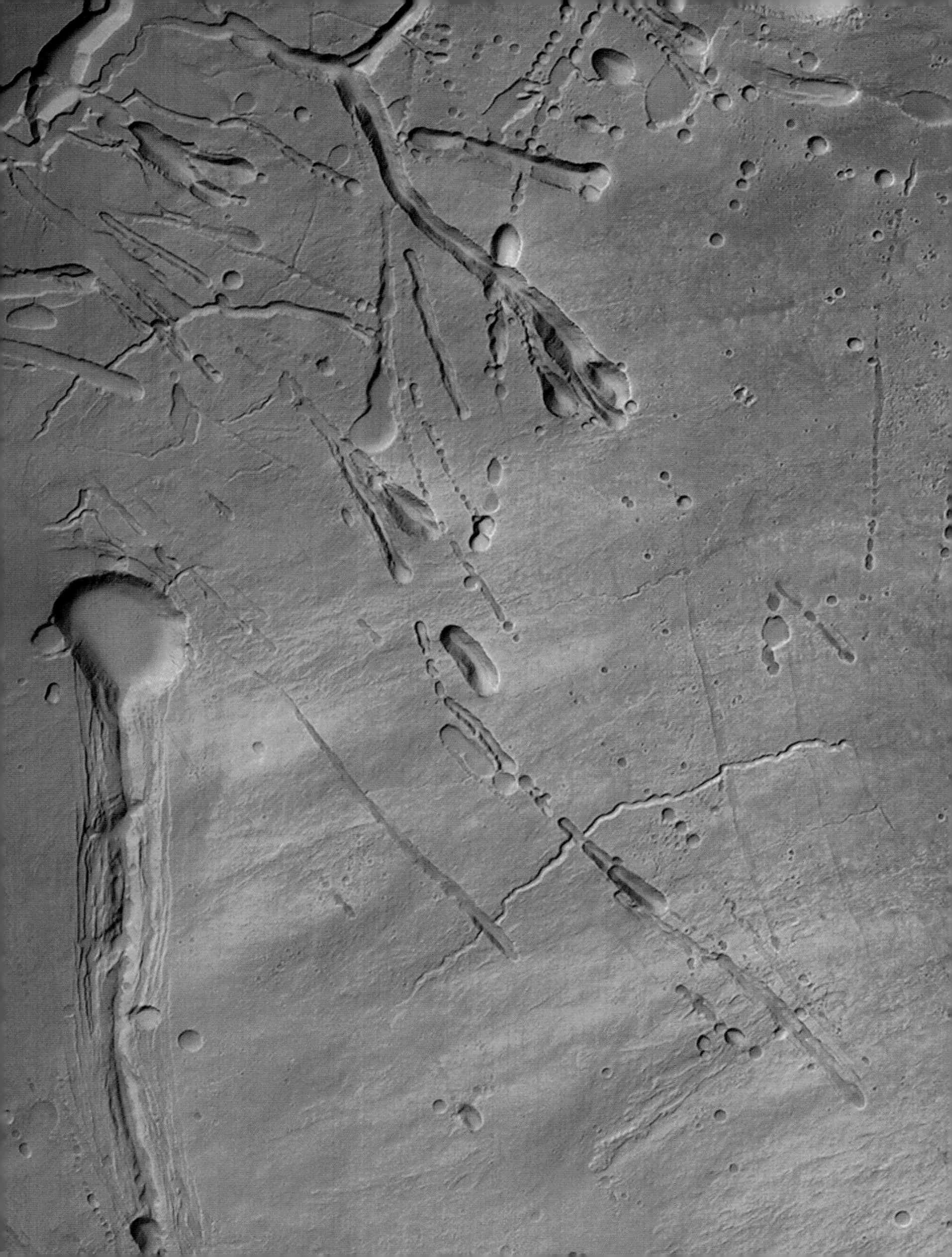

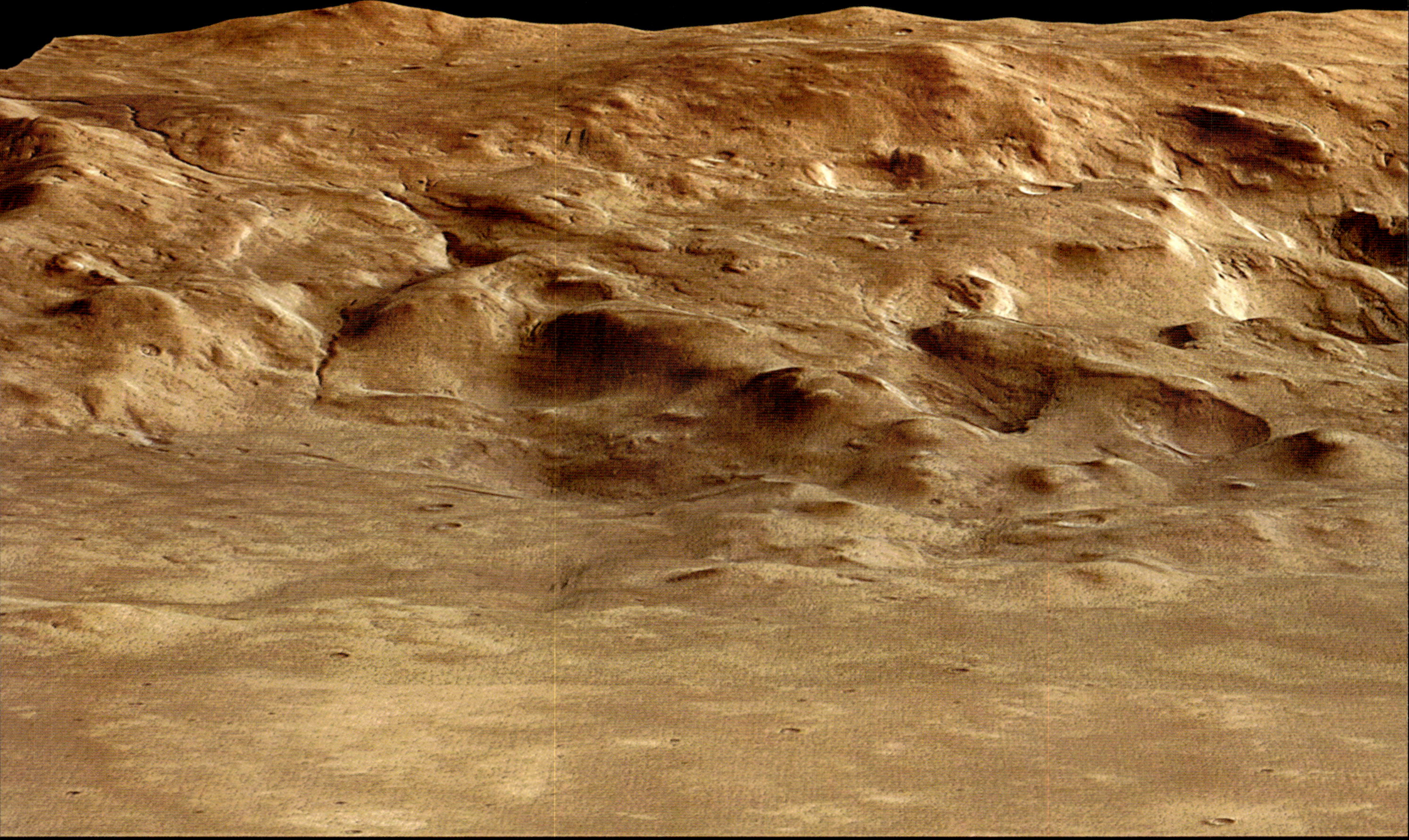

Diese Ansicht zeigt die Südflanke des *Ascraeus Mons*, des nördlichsten der Riesenvulkane des *Tharsis*-Plateaus. Sie lässt spektakuläre Strukturen erkennen, »Lavakanäle« oder »Lavaröhren« genannt. Diese bilden sich, wenn Magma aus Öffnungen am Hang des Vulkans austritt und abfließen kann. Die Oberfläche erkaltet schneller als das Zentrum, erhärtet und bildet eine isolierende Schicht, unter der das flüssige Gestein weiter strömt. Wenn der Zufluss an Magma aufhört, unterstützt nichts mehr das Tunneldach, das schließlich einstürzt und Aneinanderreihungen von runden oder länglichen Becken bildet. Solche Lavaröhren existieren auf den Flanken bestimmter irdischer Vulkane – so genannter Schildvulkane –, insbesondere auf Hawaii und auf Island.

© Mars Express/ESA/DLR/FU Berlin (G. Neukum)

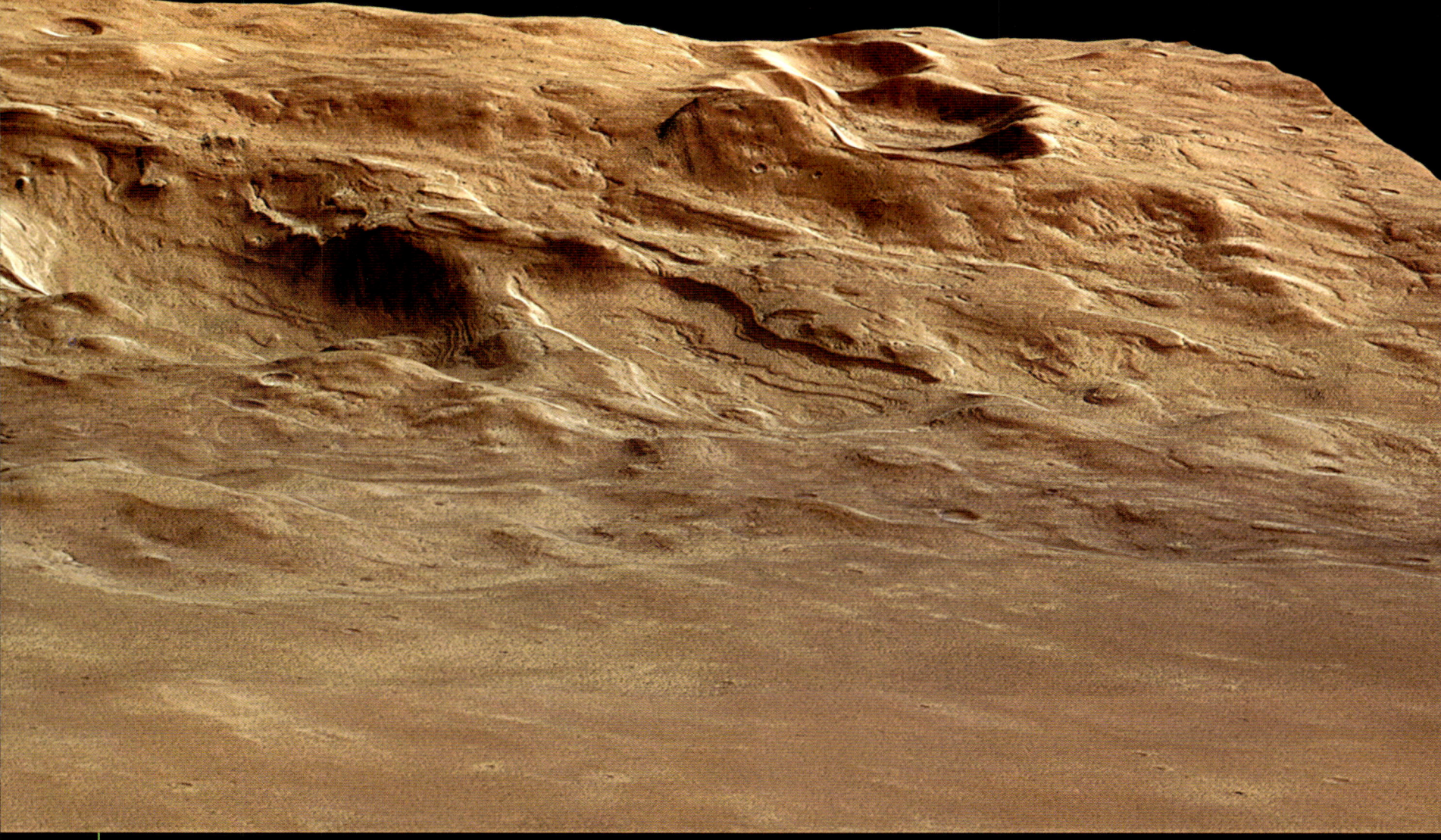

Nach den Riesenvulkanen von *Tharsis* hier eine Großaufnahme, auf der man den nördlichen Ringwall des *Hellas*-Beckens erkennen kann, eines der größten Einschlagsbecken in unserem Sonnensystem. Auf der südlichen Hemisphäre des Mars gelegen, ist das *Hellas*-Becken die 9 km tiefe und 2300 km lange Narbe einer Kollision mit einem Meteoriten von ca. 100 km Durchmesser, die vor ungefähr vier Milliarden Jahren stattgefunden hat. Es überzieht sich mit Reif, wenn der Winter auf der Südhemisphäre des Mars anbricht und wird dann leicht auffindbar für die terrestrischen Teleskope. Es ist sehr alt, seine Flanken zeigen Spuren einer langen Winderosion, und zahlreiche Flussbette sind ebenfalls sichtbar. Manche Forscher meinen, dass die Energie, die beim Meteoritenstoß frei wurde, für das Aufwerfen des *Tharsis*-Plateaus verantwortlich gewesen sein könnte, da dieses genau antipodisch zum Einschlagsort gelegen ist. Diese Interpretation bleibt vorläufig noch eine Arbeitshypothese.
© Mars Express/ESA/DLR/FU Berlin (G. Neukum)

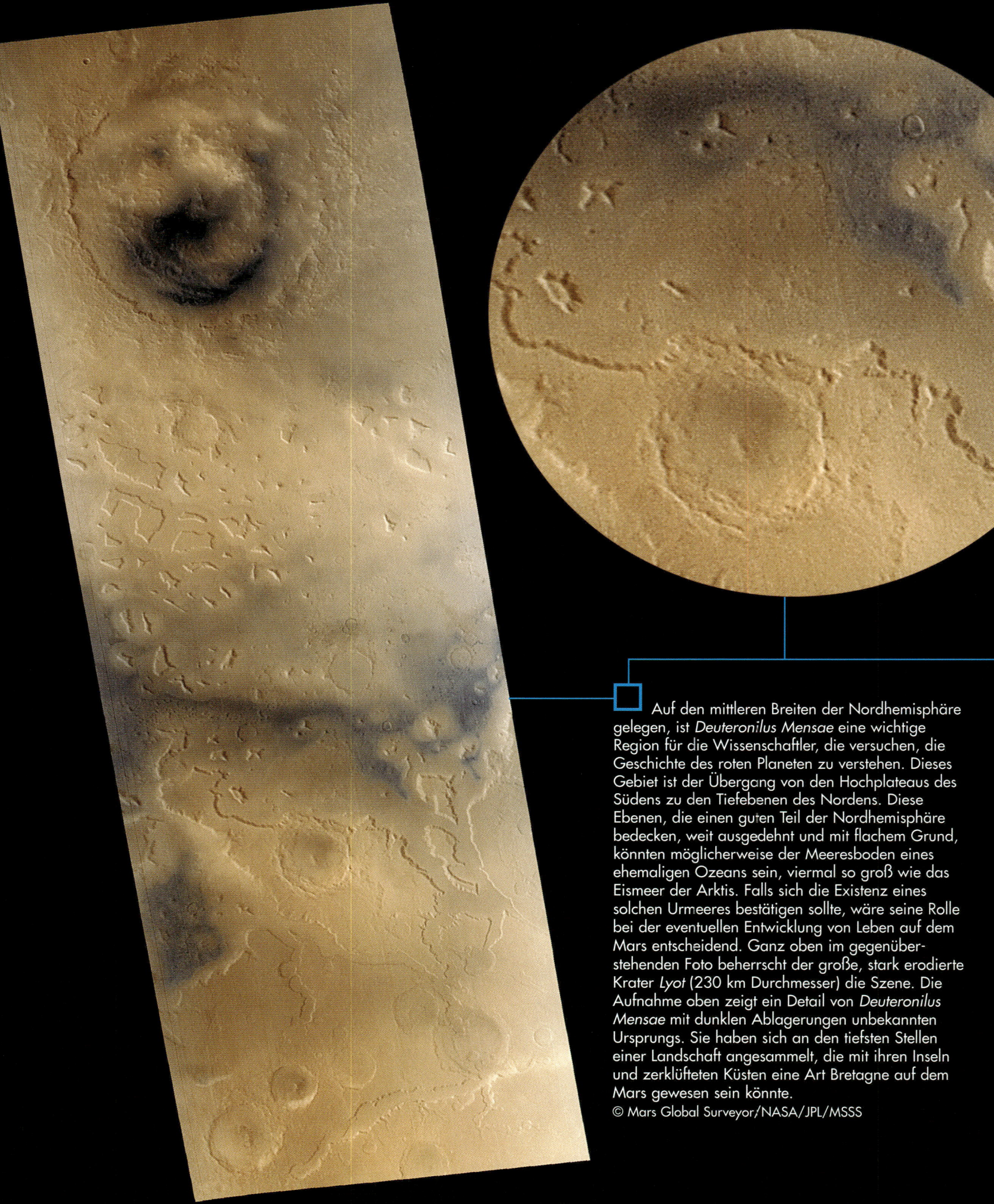

Auf den mittleren Breiten der Nordhemisphäre gelegen, ist *Deuteronilus Mensae* eine wichtige Region für die Wissenschaftler, die versuchen, die Geschichte des roten Planeten zu verstehen. Dieses Gebiet ist der Übergang von den Hochplateaus des Südens zu den Tiefebenen des Nordens. Diese Ebenen, die einen guten Teil der Nordhemisphäre bedecken, weit ausgedehnt und mit flachem Grund, könnten möglicherweise der Meeresboden eines ehemaligen Ozeans sein, viermal so groß wie das Eismeer der Arktis. Falls sich die Existenz eines solchen Urmeeres bestätigen sollte, wäre seine Rolle bei der eventuellen Entwicklung von Leben auf dem Mars entscheidend. Ganz oben im gegenüberstehenden Foto beherrscht der große, stark erodierte Krater *Lyot* (230 km Durchmesser) die Szene. Die Aufnahme oben zeigt ein Detail von *Deuteronilus Mensae* mit dunklen Ablagerungen unbekannten Ursprungs. Sie haben sich an den tiefsten Stellen einer Landschaft angesammelt, die mit ihren Inseln und zerklüfteten Küsten eine Art Bretagne auf dem Mars gewesen sein könnte.
© Mars Global Surveyor/NASA/JPL/MSSS

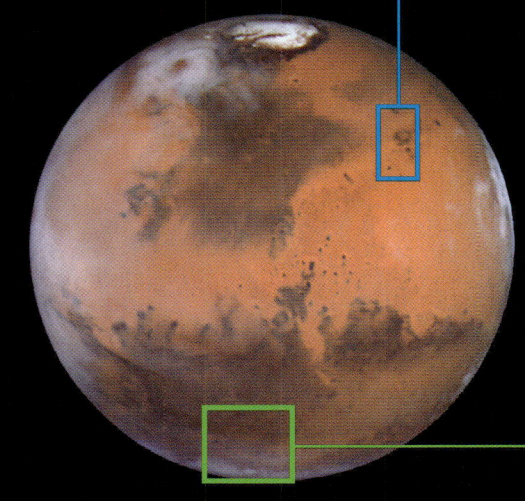

Galle, ein merkwürdiges »lachendes Gesicht« von mehr als 200 km Durchmesser, ist typisch für die Meteoritenkrater, die die Hochebenen der südlichen Hemisphäre bedecken.

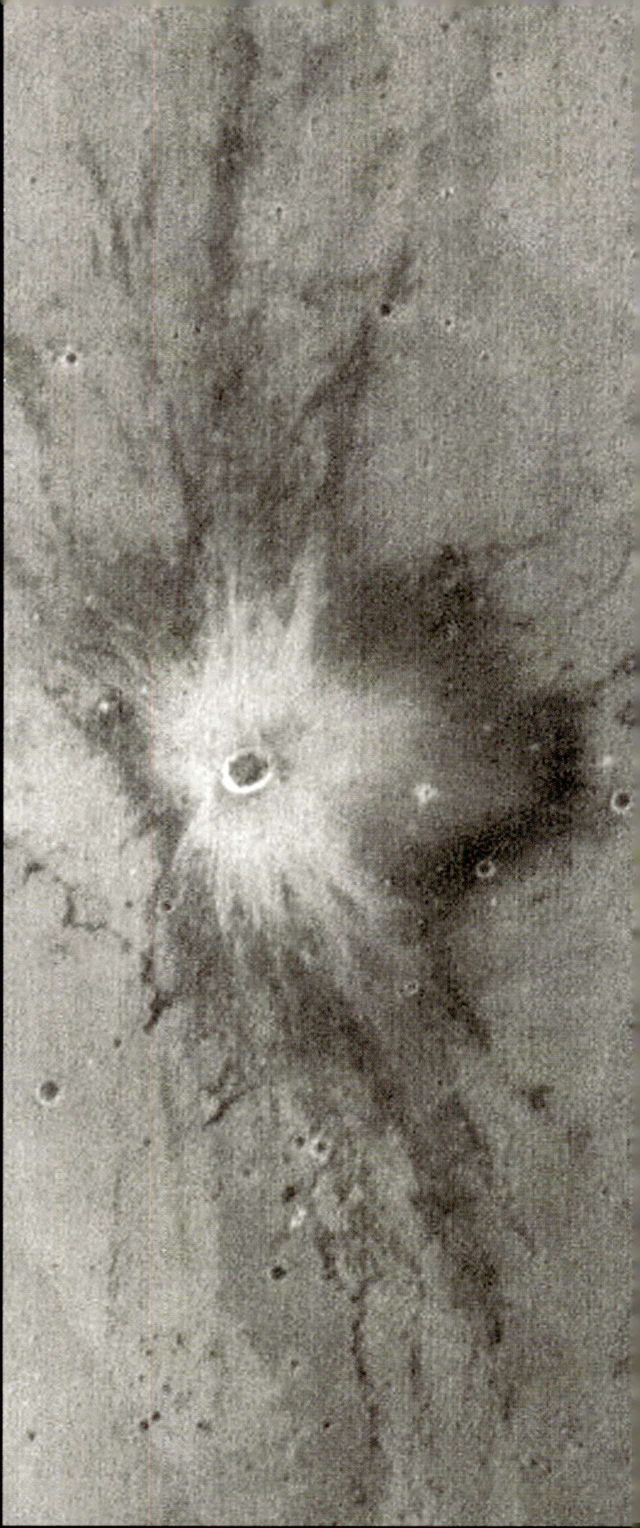

»Zeige mir den Krater, den du gegraben hast, und ich sage dir, worin du gefallen bist.« Bevor sie selbst eines Tages auf dem Mars landen können, müssen sich die Geologen damit begnügen, auf diesem Wege Lösungen ihrer Rätsel zu finden, denn sie wollen die Zusammensetzung des Untergrundes des roten Planeten bestimmen und die Chronologie der Ereignisse, die ihn geprägt haben. Auf dem rechten Foto sieht man, dass ein Teil der Materie, die beim Einschlag eines Meteoriten aus der Marsoberfläche herausgerissen wurde, sich in Form eines aufgeklebten Sterns mit ganz unregelmäßigen Strahlen niedergeschlagen hat; der Untergrund enthielt vermutlich gefrorenes Wasser (siehe auch Seite 26). Der Einschlag selbst ist ohne Zweifel recht frisch. Dagegen liegen links die Spuren der Auswurfbrocken strahlenförmig um den Krater herum und heben sich nur schwach von ihrer Umgebung ab. Eine solche geologische Formation macht den Eindruck einer schon länger dauernden Verödung dieses Geländes und deutet auf einen Einschlag hin, der schon weit in der Vergangenheit liegt.

© Mars Global Surveyor/NASA/JPL/MSSS

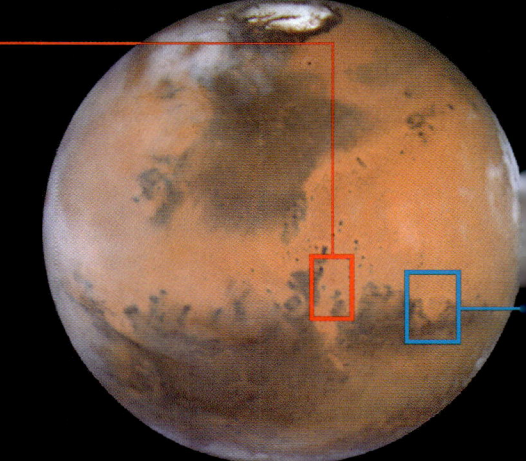

Jeder weiß, dass man das Alter eines Baumes bestimmen kann, indem man die Jahresringe seines Stammes zählt. Dieser Krater von 2 km Durchmesser, im *Schiaparelli*-Becken gelegen, könnte ebenfalls eine Methode der Altersbestimmung auf dem Mars bieten. Er zeigt erstaunliche, sich abwechselnde Schichten, wie die, die man manchmal auf dem Boden eines Sees findet, der eine lange Serie von sedimentären Ablagerungen erlebt hat. Dennoch können die Wissenschaftler heute nicht mit Sicherheit die genaue Beschaffenheit dieser Formationen bestimmen, denn die Winderosion scheint ebenfalls imstande zu sein, solche Strukturen und Motive zu erzeugen.

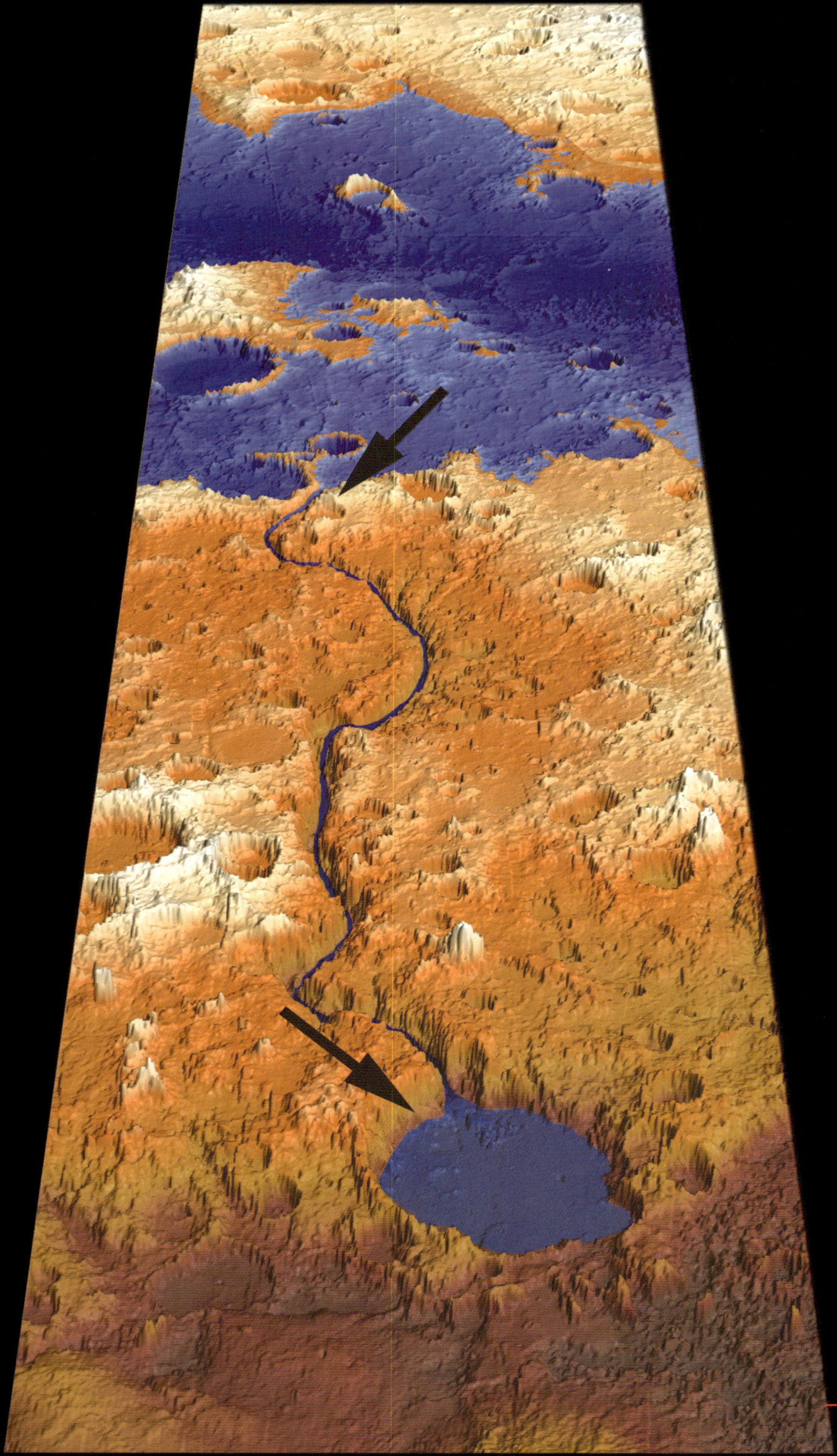

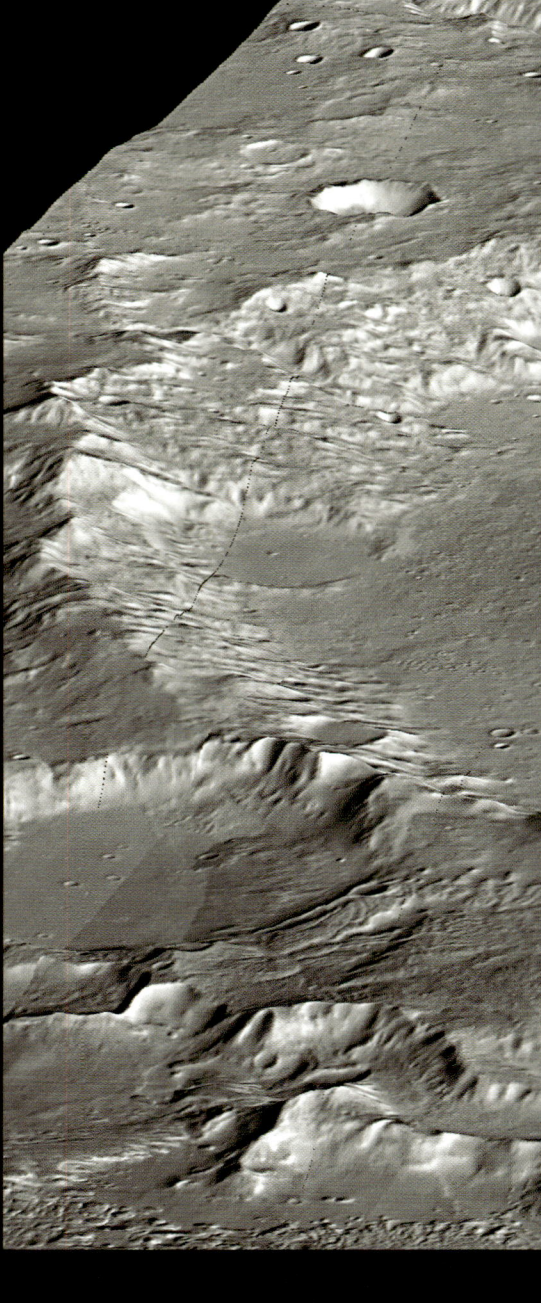

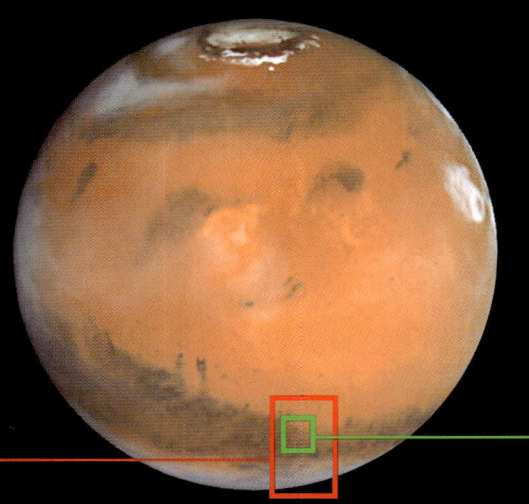

Gab es im Krater *Gusev* dauerhaft einen See? Der Charakter des Standortes spricht sehr für diese Hypothese. Sieht man nicht oben links im obigen Foto die Mündung eines mächtigen Flusses, der sein Bett Jahrtausende lang ins umliegende Gelände gegraben hat? Und all das Wasser, im Krater *Gusev* wie in einer riesigen Reuse gefangen, hätte es andere Möglichkeiten gehabt, als sich hier zu sammeln? Eine schöne Theorie, hier in der Grafik links veranschaulicht, die aber nun mit der – viel komplexeren – Wirklichkeit konfrontiert werden muss. Der Roboter *Spirit*, der im Januar 2004 mitten im Herzen *Gusevs* gelandet ist, hat wohl Hämatit entdeckt, ein Eisenoxyd, das sich in wasserhaltigem Milieu bildet, aber man kann unmöglich sagen, wie lange diese Wasserperiode gedauert und ob dieser Krater wirklich einen großen See enthalten hat. *Gusev* ist ein Musterbeispiel für all die Mehrdeutigkeiten der aktuellen Entdeckungen und Forschungen nach einem möglicherweise früher vorhandenen, zur Entstehung von Leben auf dem Mars günstigen Klima: Viele Indizien sind sehr erfolgversprechend, aber keinerlei Beweis erlaubt, heute schon zu entscheiden.

Flüsse und wilde Fluten

Es gibt Wasser auf dem Mars, viel sogar – so viel, dass man einen schönen Ozean damit füllen könnte! Dennoch ist mit Ausnahme der nördlichen Polkappe, die hauptsächlich aus Wassereis besteht, und ihrer südlichen Schwester, die nur wenig davon enthält, das kostbare Nass auf dem roten Planeten unsichtbar. Es verbirgt sich im Untergrund in einigen Dezimetern oder Metern Tiefe, je nach geografischer Breite, in einer innigen Mischung von Fels und Eis. Die Dicke dieser Schicht, vergleichbar mit Permafrost, dem dauerhaft gefrorenen Boden einiger arktischer Regionen, ist noch unbekannt.

Zwar seit langem schon vermutet, wurde dieses unterirdische Vorkommen jedoch erst vor kurzem durch Messungen bestätigt, die von den Instrumenten der amerikanischen Sonde *Mars-Odyssey* durchgeführt wurden. Das Wasser auf dem Mars, so scheint es, hat sich nach und nach unter die Oberfläche zurückgezogen, als sich der Druck und die Temperatur der Marsatmosphäre vor etwa 3,5 Milliarden Jahren verringert haben.

Auch wenn Wasser auf unserem Nachbarn nur noch in Form von Eis auf den Polkappen oder unterirdisch existiert, so gibt es doch zahlreiche Spuren, die von einer Epoche zeugen, als es in völliger Freiheit zirkulierte, Täler schuf und in die Risse der Marskruste eindrang, Krater und Tiefebenen überflutete und sehr wahrscheinlich sogar einen oder mehrere Ozeane bildete. Diese Zeiten sind vorbei. Aber die Vulkane, Einschläge von Meteoriten und die Winderosion haben diese Vergangenheit nicht völlig ausgelöscht, und unsere Generation hat erstmals die Möglichkeit, sie zu betrachten.

Auf 32° südlicher Breite kerben sich zwei Täler tief in die östliche Flanke des riesigen Einschlagskraters *Hellas Planitia* ein. Das Foto auf Seite 62 zeigt diese wogenden Narben, die von länglich-ovalen Becken ausgehen. Sie tauchen nach links ab in Richtung der abgründigen Tiefen von *Hellas Planitia*, deren Grund sich auf fast 9000 m unter dem mittleren Niveau des Planeten befindet. Im oberen Teil des Fotos vereinigen sich zwei Regionen, die stark ein-gebrochen sind – *Dao Vallis* und *Niger Vallis* genannt –, zu einer einzigen mehrere Hundert Kilometer langen Spur. Weiter südlich, Richtung *Hellas Planitia* hinabführend, doch ständig parallel zum Lauf des *Dao Vallis*, befindet sich das noch tiefgründigere und majestätischere *Harmakhis Vallis*. Es erreicht stellenweise 40 km Breite bei 1000 m Tiefe. Beim heutigen Stand der Kenntnisse glauben die Planetolo-gen nicht, dass diese Flussbette langsam und stetig durch Flüsse gebildet wurden, die von Regen und Zuflüssen gespeist wurden. Ihr Ausmaß, die Abwesenheit großer Mäander und weitere feinere Beobachtungen zwingen sie zur Annnahme einer viel plötzlicheren und katastrophenähnlichen Bildung. Zu einem Zeitpunkt, zu dem flüssiges Wasser bereits von der Marsoberfläche verschwunden war, hätten demnach die Regionen am Ursprung dieser Täler – das gegenüber-stehende Foto zeigt eine Großaufnahme des »Quellgebietes« von *Dao Vallis* und *Niger Vallis* – eine plötzliche Erwärmung, wahrscheinlich durch Vulkanismus, erfahren. Das hätte das brutale Schmelzen riesiger Mengen unterirdischen Eises bewirkt. Titanische Schlammlawinen hätten sich durch die Landschaft des Mars gepflügt und alles auf ihrem Wege mitgerissen, bis sie in der *Hellas Planitia* zum Stillstand kamen.

© Mars Express/ESA/DLR/FU Berlin (G. Neukum)

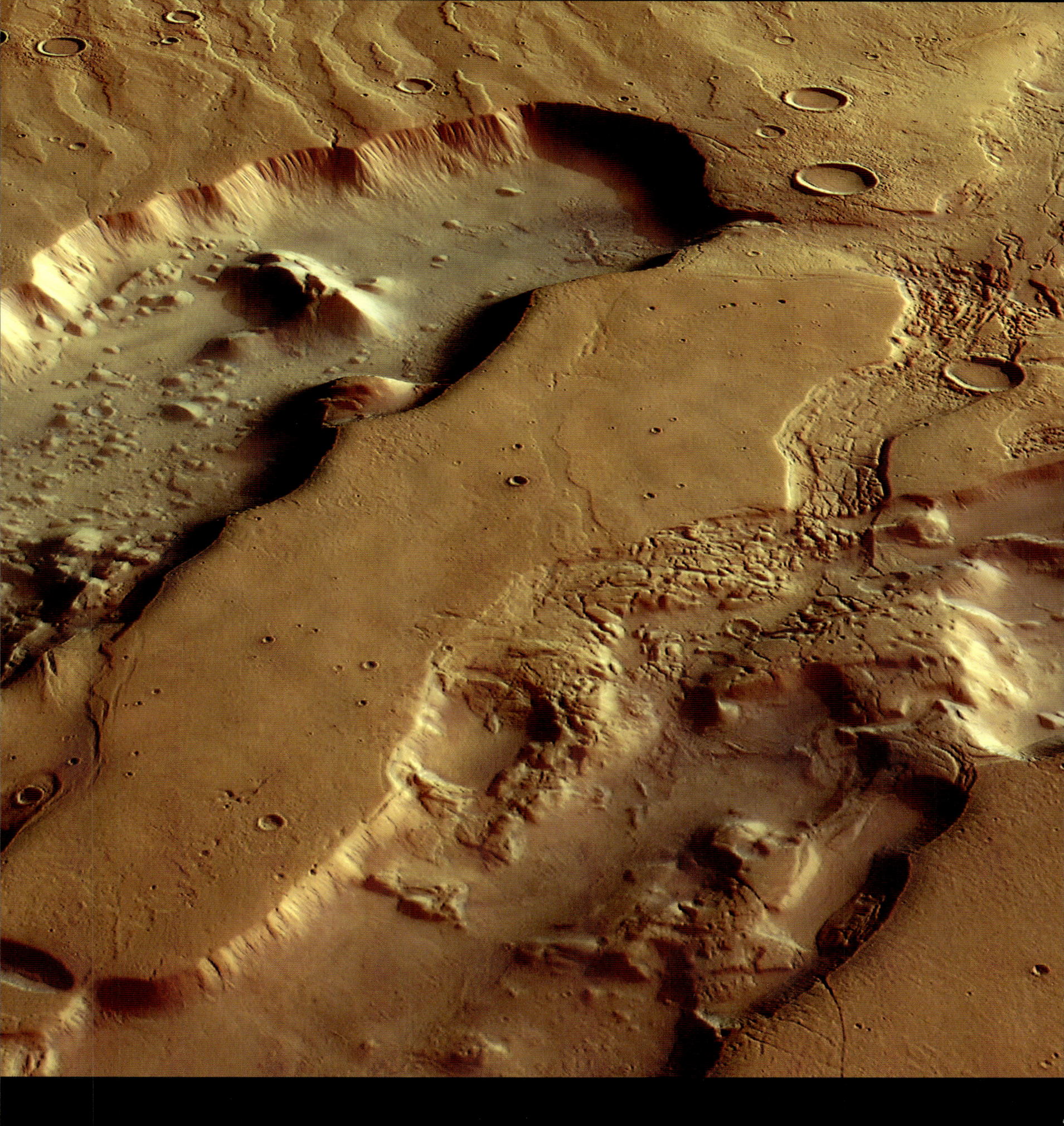

Eine der hauptsächlichen Eigenschaften eines Flusses ist die, Materie mit sich zu führen, eine andere die, in eine weite Wasserfläche zu münden. Je stärker und je gleichmäßiger seine Strömung ist, desto größer ist die Menge der Rückstände, die er bei seiner Einmündung ablagert. Deshalb waren die Wissenschaftler begeistert, als sie auf den Bildern der Sonde *Mars Global Surveyor* tatsächlich eine Mixtur von Anschwemmungen entdeckten. Diese waren in der Mulde eines alten Kraters abgelagert, etwa zehn Kilometer vom Krater *Holden* entfernt, mitten zwischen der östlichen Grenze des *Vallis Marineris* und dem Meteoriteneinschlag *Argyre Planitia* auf der südlichen Hemisphäre. Das Foto links überdeckt ein Gebiet von 14 km mal 20 km und die nebenstehenden Bilder sind Großaufnahmen von zwei besonders interessanten Zonen. Vor mehr als drei Milliarden Jahren dürfte ein Teil dieser Zone von einem riesigen See bedeckt gewesen sein, der von einem Fluss gespeist wurde. Im Laufe der Jahrtausende haben sich die Anschwemmungen an seiner Mündung in Form eines Deltas angesammelt. Doch dann versiegten die Quellen, und die klimatischen Bedingungen veränderten sich – das flüssige Wasser war allmählich von der Marsoberfläche verschwunden, und die beharrliche Arbeit des Windes hatte begonnen.
Während Milliarden von Jahren hat die Erosion die Schichten der Anschwemmungen freigelegt, die widerstandsfähiger waren als das umgebende Gelände. Heute zeugen diese Schwemmablagerungen, jetzt im Relief zu sehen, von einer fernen Vergangenheit, in ein steinernes Gedächtnis geprägt.

© Mars Global Surveyor/NASA/JPL/MSSS

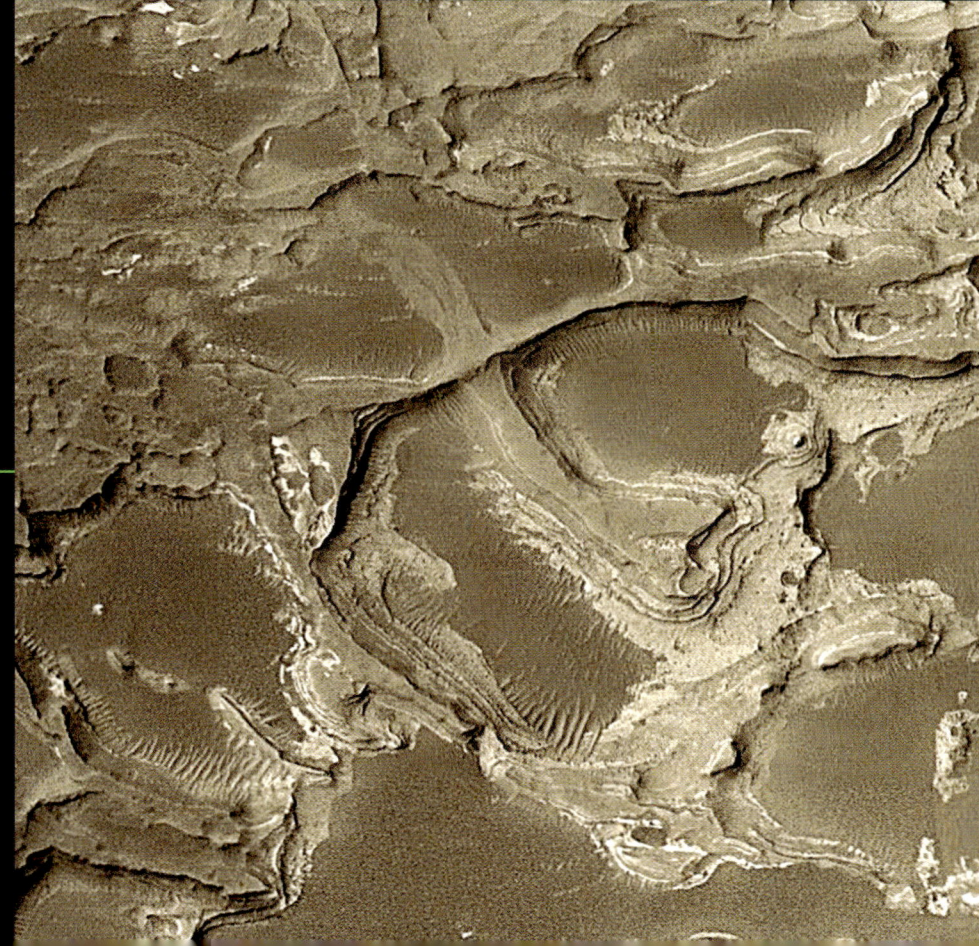

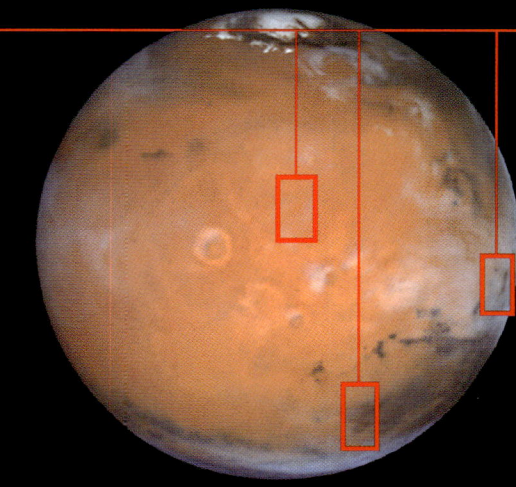

Auf den beiden oben stehenden Fotos zeigt die Infrarotkamera der Sonde *Mars-Odyssey* Flussläufe von seit Milliarden von Jahren ausgetrockneten Wildbächen und Flüssen in der Region des Vulkans *Alba Patera* (links) und *Warrego Vallis* (rechts). Diese ehemaligen Flussbette kanalisierten das fließende Wasser zu einer Zeit, als es noch regelmäßig auf dem Mars regnete, sind aber inzwischen teilweise durch Winderosion und Meteoriteneinschläge verschwunden. Auf der rechten Abbildung zeugen dagegen die Breite der Täler und die verzweigten Formen der sie umschließenden Hügel von der Gewalt und Schnelligkeit dieser Wassermassen, die sie geschaffen haben. Möglicherweise handelt es sich hier um Flussbette, die von Überschwemmungen gegraben worden sind, ausgelöst durch das Schmelzen unter-irdischen Eises infolge einer Vulkaneruption oder eines gewaltigen Meteoriteneinschlags.

© Mars Odyssey/NASA/JPL/ASU/Themis

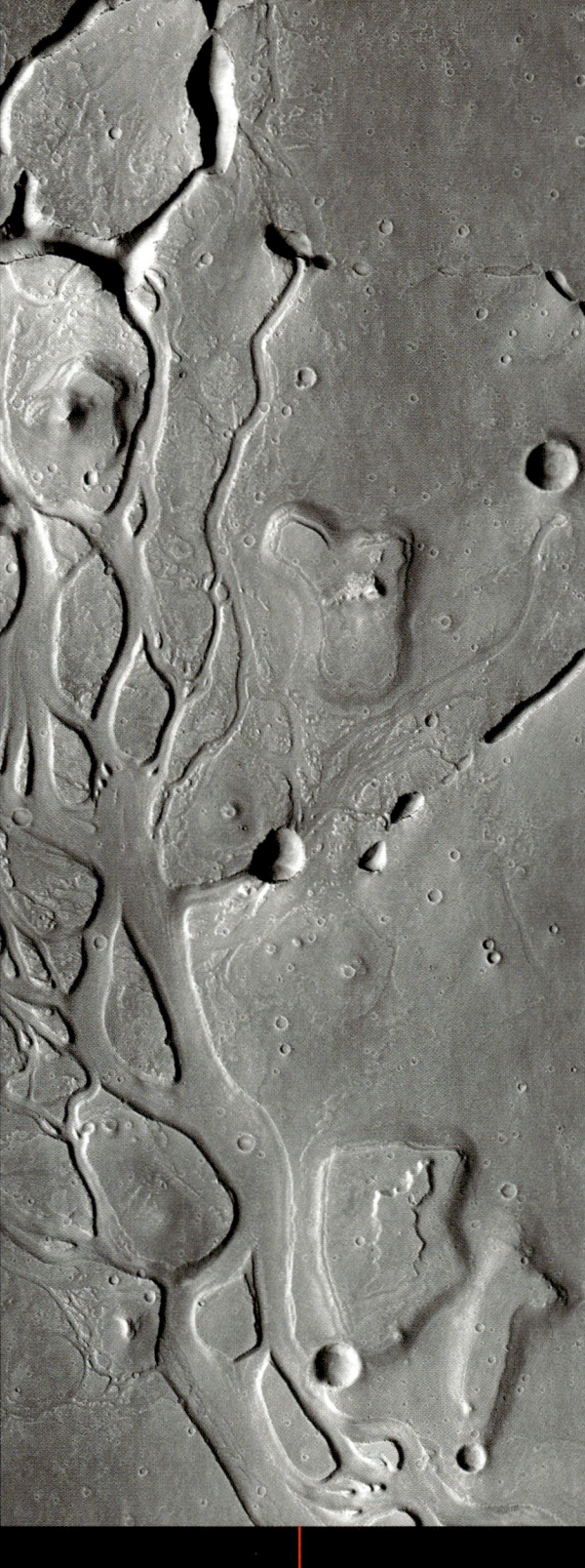
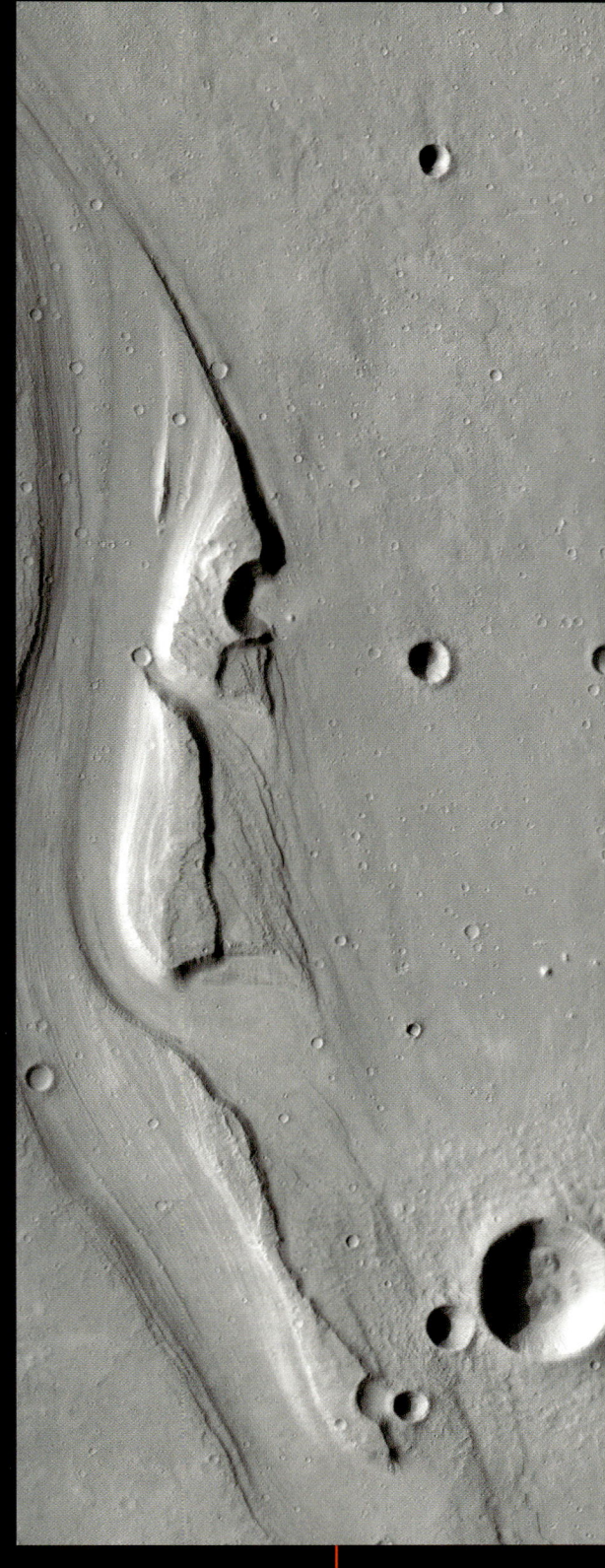

Eine der ersten Aufnahmen, übertragen von der hochauflösenden Kamera der europäischen Sonde *Mars-Express,* ist diese Großaufnahme des *Reull Vallis.* Hier hat das Wasser seine Spuren auf dem Plateau hinterlassen, das den östlichen Rand des Einschlagskraters *Hellas Planitia* überragt. Der Fluss, der diese Mäander gezeichnet hat und mehr als 1000 km weiter westlich entspringt, mündete einst in *Hellas Planitia,* nur ein paar Dutzend Kilometer von *Harmakhis Vallis* entfernt.

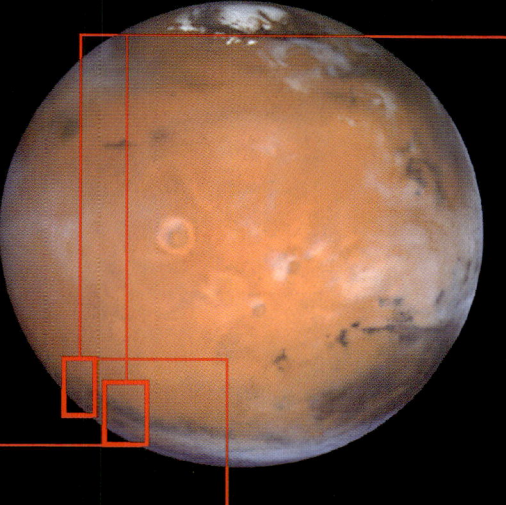

Seit mehreren Jahren entdecken die Planetologen, die die Fotos der Sonde *Mars Global Surveyor* studieren, seltsame Abflüsse auf den Flanken bestimmter Krater und auf Sanddünen. Diese beiden Bilder zum Beispiel zeigen Großaufnahmen der Abhänge zweier Krater in der *Terra Sirenum*, unweit des Meteoritenkraters *Newton* gelegen. In bestimmten Fällen sind die Abflüsse fadenförmig und ähneln Spuren, wie sie Erdrutsche von Felsblöcken verursachen. Aber wie ist dann die Gegenwart von großen Felsen oben auf den Dünen zu erklären, auf denen dieselben Spuren fotografiert wurden? Manchmal gleichen diese Abflüsse Wildbächen im Gebirge, und die längsten davon enden in Auswurfkegeln, die signalisieren, dass flüssige oder schlammige Materie hangabwärts geflossen ist und dabei Steine und Felsen mit sich gerissen hat. Es ist jedoch bedenklich, daraus die Existenz von Quellen flüssigen Wassers abzuleiten. Diese Strömungsspuren sind jung genug, um nicht von der Erosion ausgelöscht worden zu sein; manche Bilder scheinen Spuren zu zeigen, deren Entstehung nur wenige Jahre zurückliegt. Und doch, die Temperatur in Bodennähe – minus 53 °C im Mittel – und der atmosphärische Druck – ungefähr 6 Hektopascal – sind völlig unvereinbar mit der Existenz flüssigen Wassers an der Oberfläche. Das Rätsel bleibt also bestehen, wenn es auch an Hypothesen nicht mangelt!

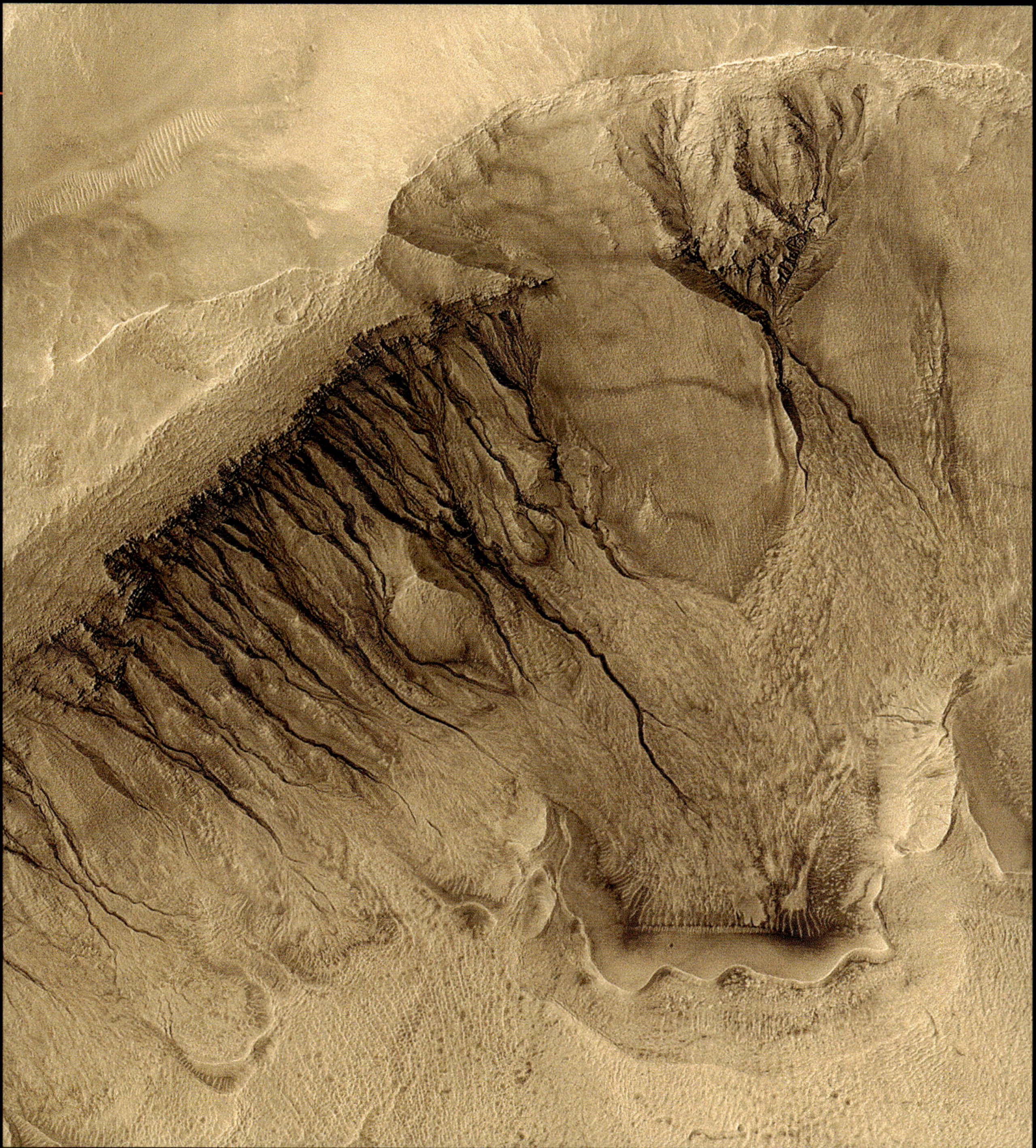

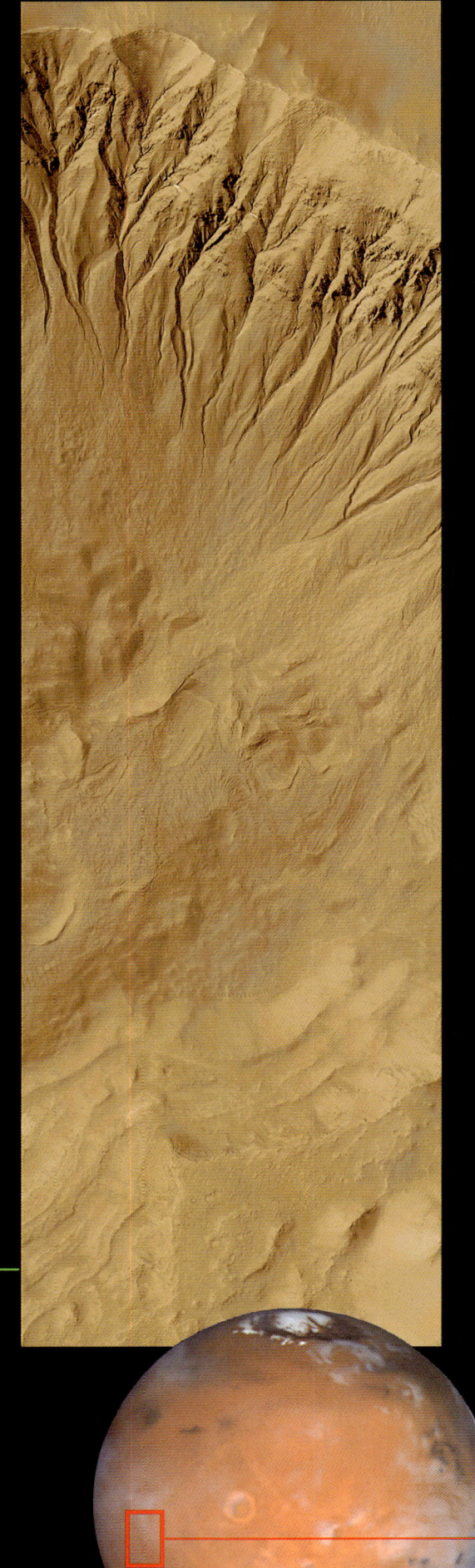

Die Nordwand dieses Einschlagskraters – Region *Gorgonum Chaos* –, von der Sonde *Mars Global Surveyor* fotografiert, misst ein Dutzend Kilometer im Durchmesser und zeigt viele Ausflussspuren. Seine Hänge sind schroff und tief eingeschnitten, als ob dieser Prozess sich viele Male wiederholt hätte, und zwar in einer nicht zu fernen Vergangenheit, sodass die Erosion keine Zeit hatte, die »Ecken abzurunden«. Die von diesen »Sturzbächen« verteilten Anschwemmungen und Schuttmassen sind einwandfrei am Grunde des Kraters zu erkennen.

© Mars Global Surveyor/NASA/JPL/MSSS

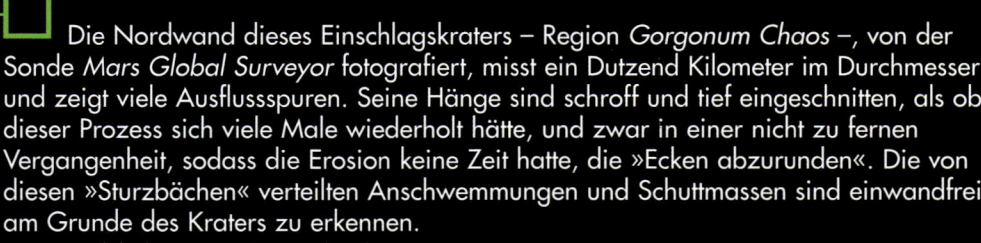

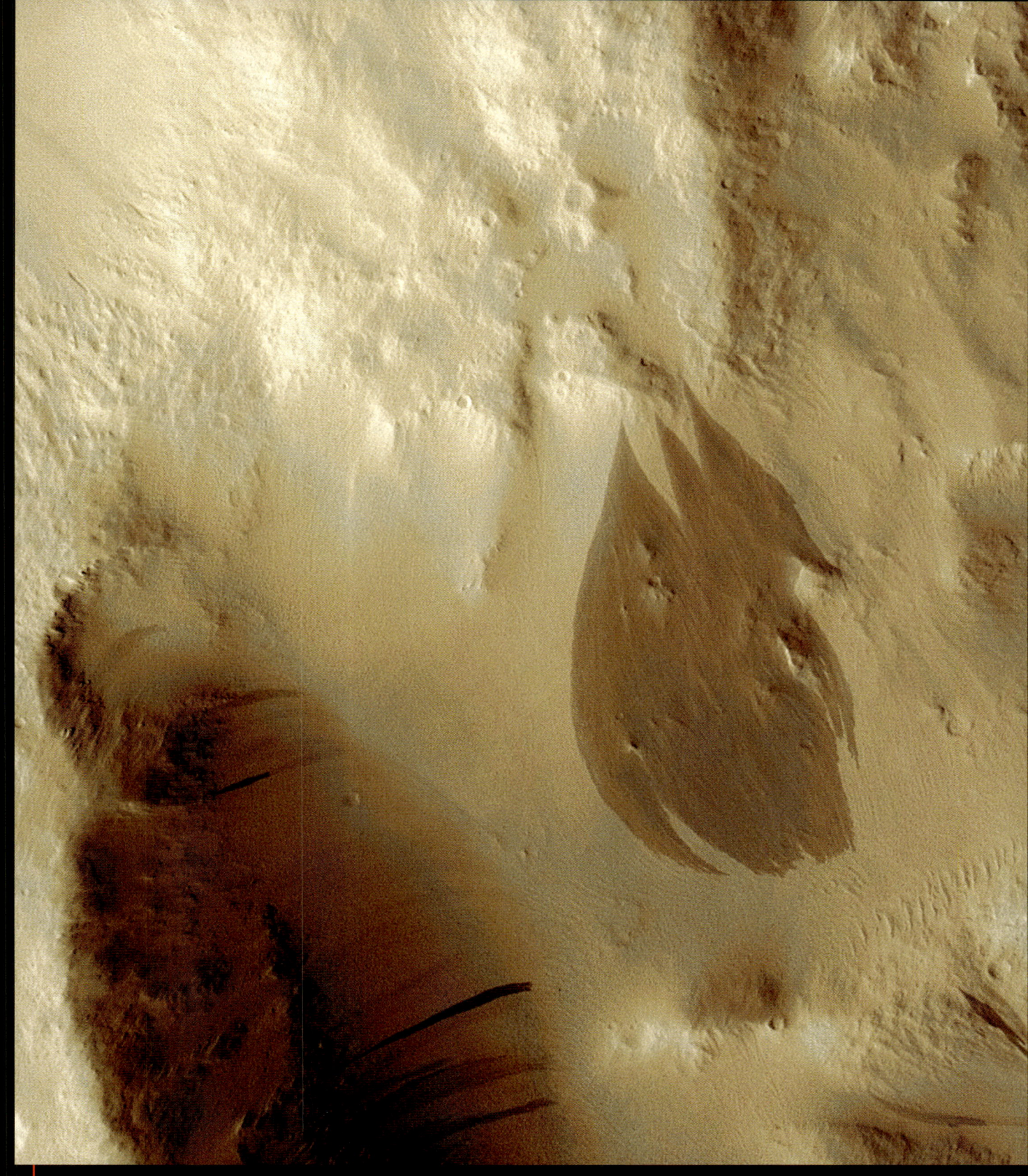

Hier haben wir eine typisch marsianische Falle! Auf den ersten Blick scheint es offensichtlich, dass dieses Foto eine großartige Strömungsspur von Wasser auf einer Kraterwand zeigt. Die drei »Quellen« sind deutlich sichtbar, und die Feuchtigkeit hat die Farbe des Bodens optimal verändert. Aber halt, wir befinden uns auf dem Mars, und die atmosphärischen Bedingungen erlauben in keiner Weise ein Strömen von flüssigem Wasser oder die ständige Anwesenheit von Feuchtigkeit in irgendeiner Form! Es handelt sich ganz einfach um eine Wiederholung von Erd-rutschen, deren Bruchstücke sich auf dem Hang dieses Kraters ausgebreitet hatten, der sich südlich von *Amazonis Planitia* befindet, dicht beim Äquator des roten Planeten.

© Mars Global Surveyor/NASA/JPL/MSSS

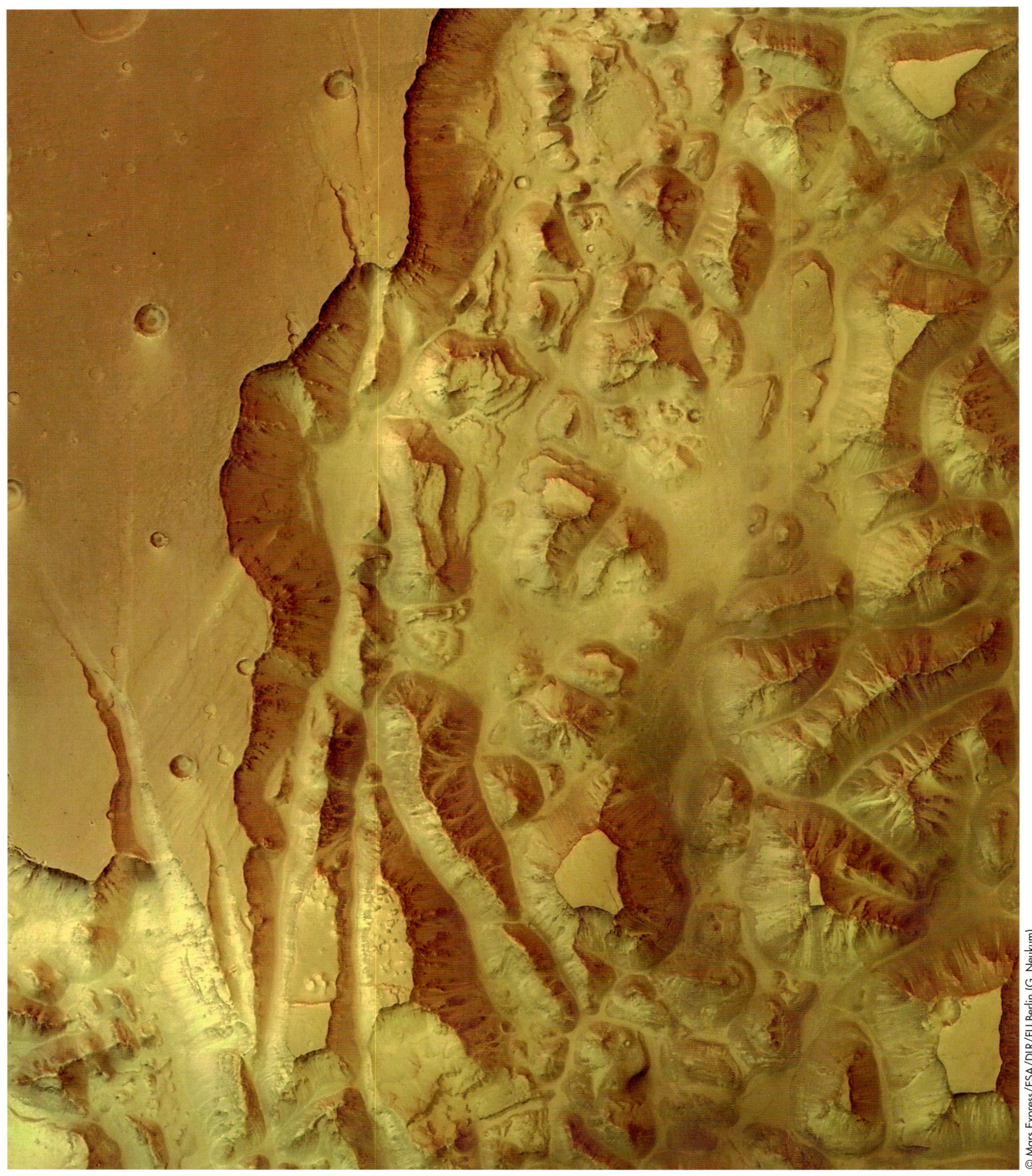

Canyons und Brüche

In den Jahren zwischen 1960 und 1970, als den Forschern die ersten detaillierten Bilder des Mars zugänglich waren, vergaben diese Bezeichnungen, die direkt von der irdischen Geografie inspiriert waren: Berge, Täler, Canyons … sahen sich nicht ohne Begeisterung auf den Marsglobus projiziert, ganz so, wie etwa der Mond einige Jahrhunderte vorher mit zahllosen »Meeren« versehen worden war.

Ohne dieselben offensichtlichen Interpretationsfehler zu wiederholen, die damals zu lunaren Meeresfluten geführt hatten, überraschen heute doch einige Namen, die den Strukturen auf dem Mars gegeben wurden, oder lassen uns zumindest schmunzeln. Das ist ganz besonders der Fall für eine der spektakulärsten, die man auf der Oberfläche des Mars beobachten kann, das *Vallis Marineris* (hier nebenstehend ein Detail des Nordteils dieser Formation, dessen Gesamtheit Sie auf der folgenden Doppelseite finden). Es handelt sich hier tatsächlich nicht um ein Tal, das von einem Fluss geschaffen wurde, und auch nicht um einen Canyon, sondern um einen Riss in der Kruste des Planeten, der vom Aufwölben der nahe gelegenen vulkanischen Erhebung *Tharsis* verursacht wurde.

Für die, die um jeden Preis ein terrestrisches Gegenstück suchen, sei auf das *Große Rift* verwiesen, das den Osten Afrikas vom Roten Meer bis nach Mosambik zerschneidet.

Welche Schlüsse muss man aus diesen geologischen Eigenarten ziehen? Man sollte immer die Realität des Mars im Sinne haben: eine außerirdische Welt, in der sich Ereignisse abgespielt haben und immer noch abspielen, die auf der Erde unbekannt sind. Wir sollten einen möglichst klaren Blick haben, um die Bilder der Canyons auf den folgenden Seiten zu bewundern. Der Schein trügt: Die Geschichte des roten Planeten war alles …, bloß kein langer ruhiger Fluss.

Vom Orbit aus gesehen zeigt das *Vallis Marineris* seine beunruhigende Pracht. Dieser gigantische Riss erstreckt sich über fast 4000 km von West nach Ost, eine Ausdehnung, die es ihm erlauben würde, die Vereinigten Staaten von Amerika in zwei Teile zu spalten und den Grand Canyon des Colorado auf den Rang eines einfachen lokalen Kuriosums herabstuft! Die Planetologen meinen, dass der Auslöser der Rissbildung, die für die Entstehung des *Vallis Marineris* verantwortlich war, durch die Aufwerfung des *Tharsis*-Plateaus hervorgerufen wurde, von dem man links im Bild drei Vulkane erkennen kann (siehe auch Seite 44 und folgende). Um es richtig auszudrücken: Diese riesige Narbe ist kein Tal, sondern ein Rift, eine fantastische Aufklaffung der Marskruste, die an diejenige erinnert, die sich heute in den Osten Afrikas einkerbt. Hat das Mars-Rift, wie sein irdisches Gegenstück, bis in jüngste Zeit Seen beherbergt? Viele Wissenschaftler glauben es. Manche wagen sogar die Hypothese, dass Formen mikrobiologischen Lebens dort heute noch fortbestehen könnten, geschützt durch einen größeren atmosphärischen Druck. Das *Vallis Marineris* erreicht tatsächlich stellenweise eine Tiefe von 7 km, was eine nicht unerhebliche Zunahme des Drucks der Marsatmosphäre bedeutet.

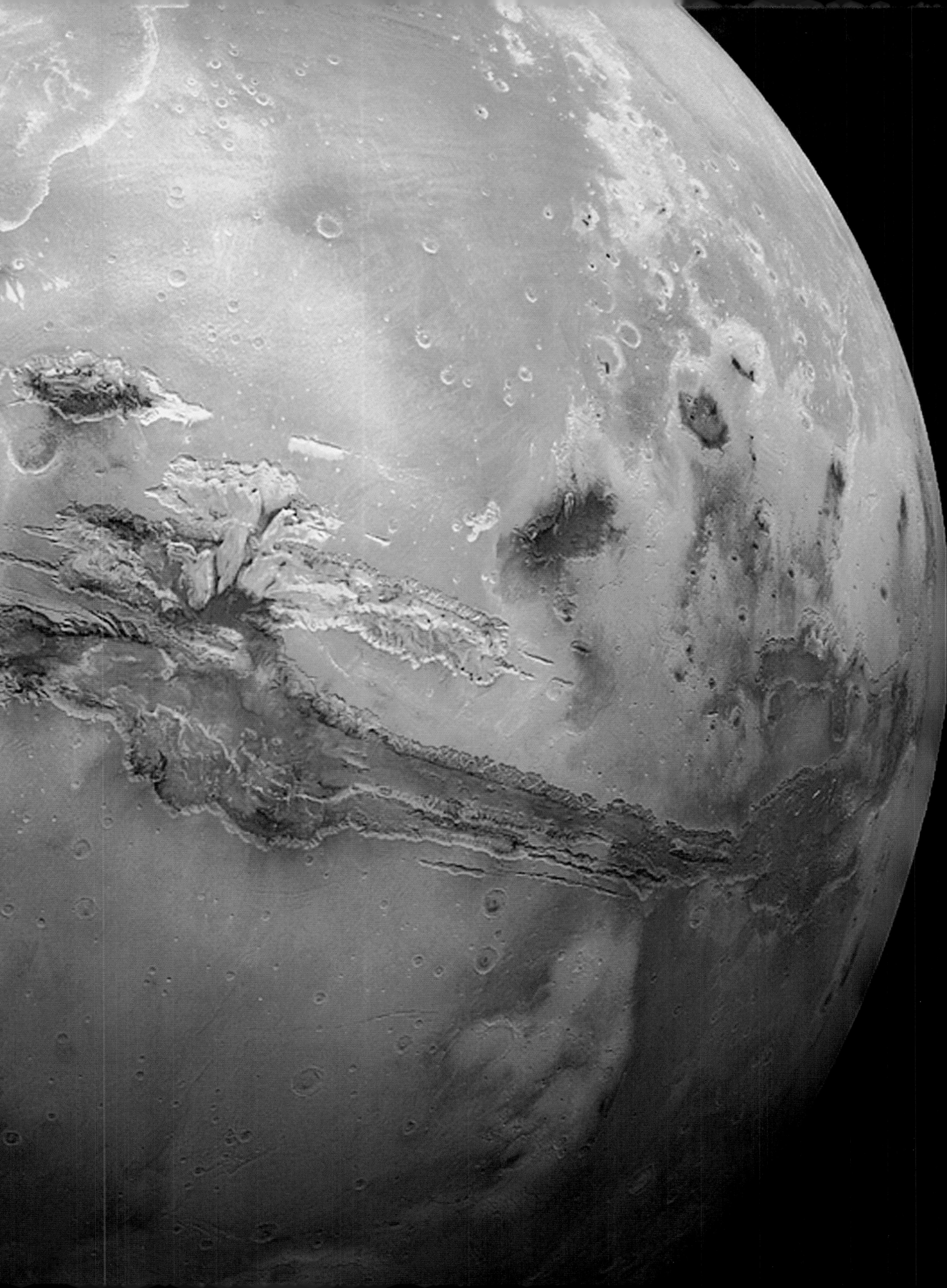

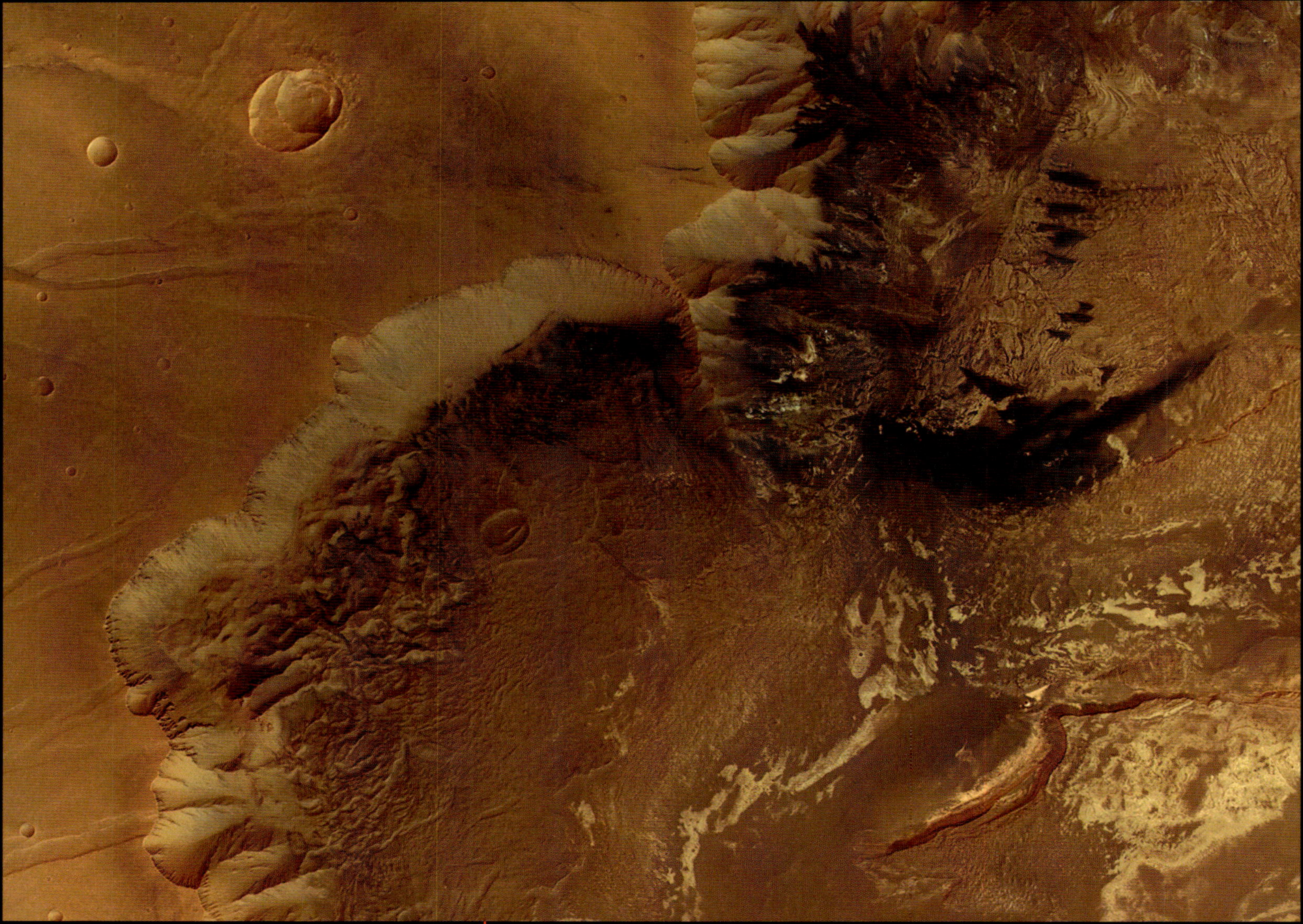

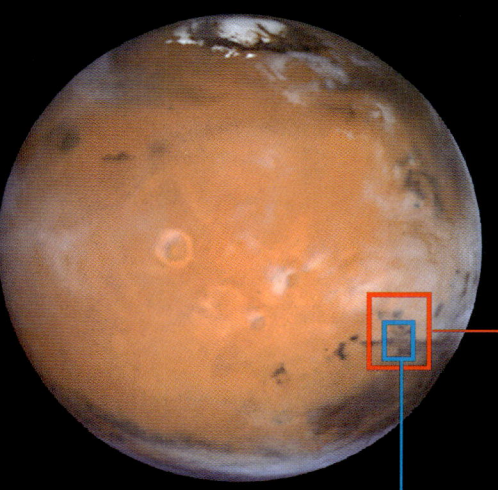

Melas Chasma, im Herzen des *Vallis Marineris*, konzentriert die Überreste von fast allen Prozessen, die möglicherweise den aktuellen Zustand des größten Canyonsystems auf dem Mars erklären können. Die Wissenschaftler haben hier zahlreiche Spuren vulkanischer Aktivität gefunden, Merkmale einer Erosion, verursacht durch heftige, zweifellos sehr alte, flüssige Emissionen und Auswirkungen vielfacher Erdrutsche. Zudem hat seit Milliarden von Jahren die unermüdliche Arbeit des Windes zur Entstehung dieser eindrucksvollen Landschaft beigetragen.

© Mars Express/ESA/DLR/FU Berlin (G. Neukum)

Unter optimaler Ausnutzung der hochauflösenden Kamera an Bord der europäischen Sonde *Mars-Express* haben die für die Mission verantwortlichen Wissenschaftler eine perspektivische, sehr realistische Ansicht der zentralen Region *Melas Chasma* erstellen können. Diese zeigt sich in den beiden nebenstehenden Fotos, als ob sie in ein paar tausend Metern Höhe überflogen worden wäre. Ein stark erodierter felsiger Bug, im Zentrum des obigen Bildes erkennbar, verlängert das Plateau, das den Grund von *Melas Chasma* um fast 5000 m überragt. Im Vordergrund des unteren Fotos zeigt der abgerundete Vorsprung, der das Zentrum von *Melas Chasma* einnimmt, zahlreiche Bodenschichten. Diese sind vielleicht sedimentären Ursprungs, aber es könnte sich auch um die Aufschichtung vulkanischer Ausflüsse handeln, wie man sie auf der Erde in der Dekkan-Region in Indien oder am Rand der großen Basaltplateaus auf Island findet. Die genaue Beschaffenheit der weißlichen Ablagerungen am Fuße der Klippen ist bis heute ein Rätsel.

© Mars-Express/ESA/DLR/FU Berlin (G. Neukum)

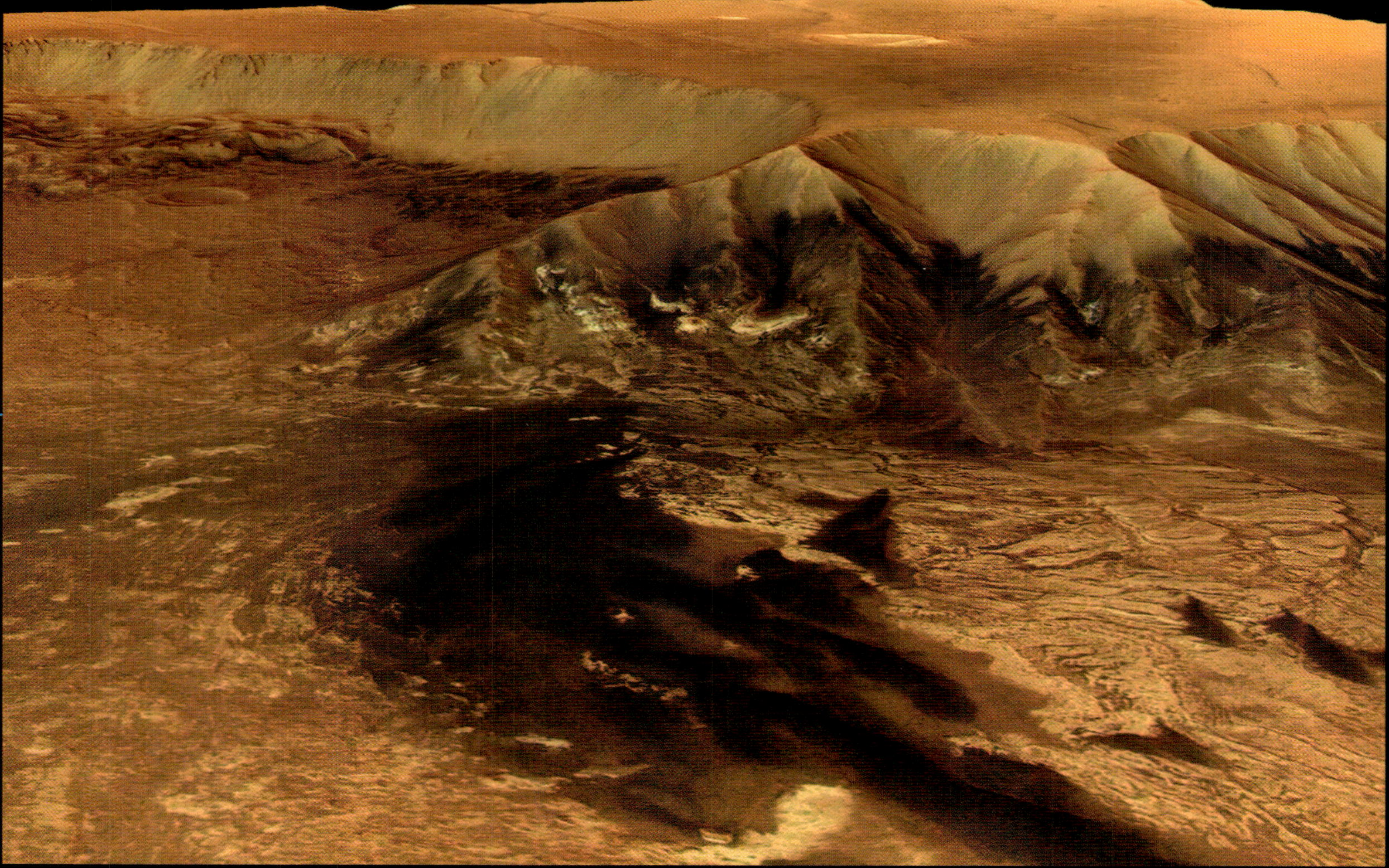

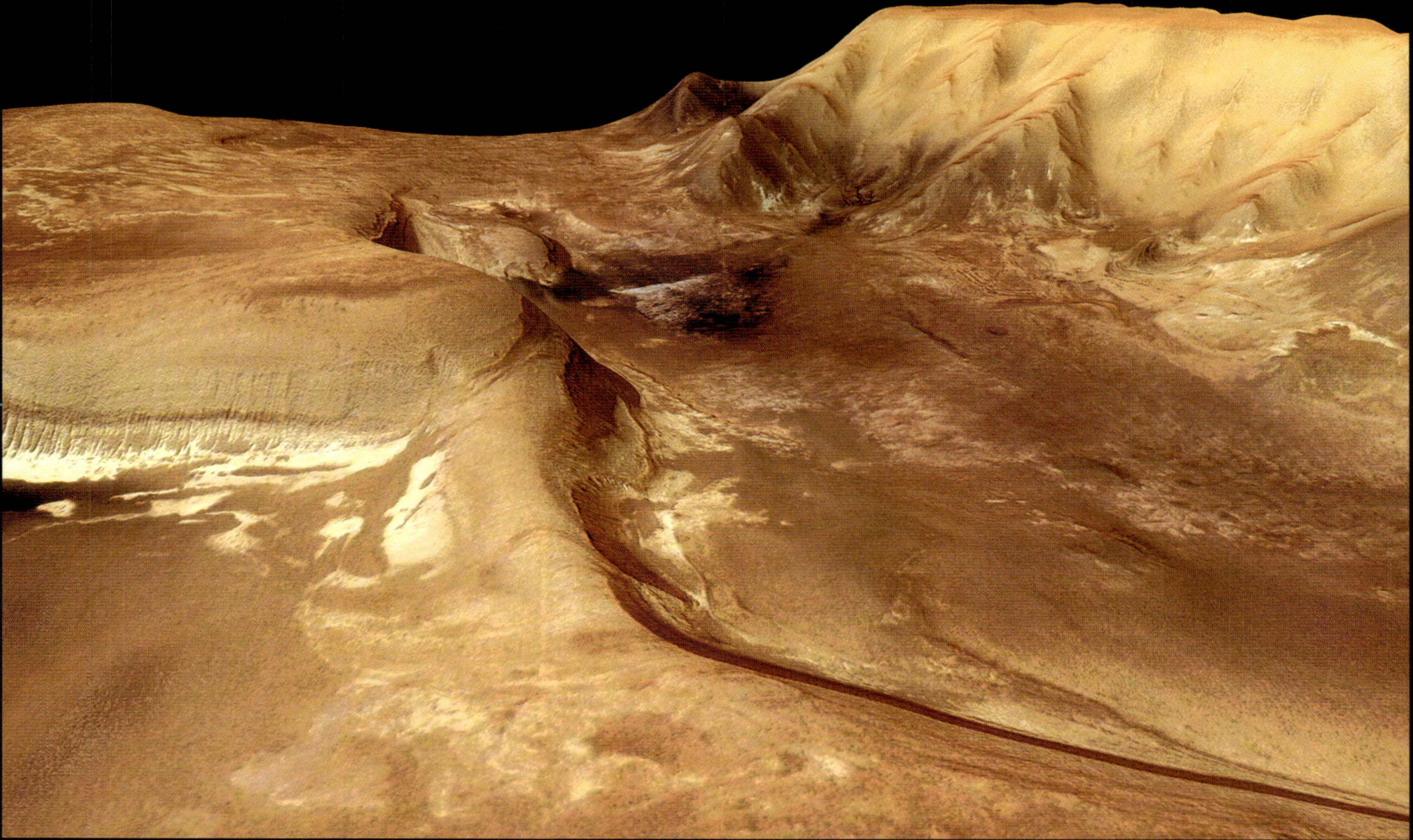

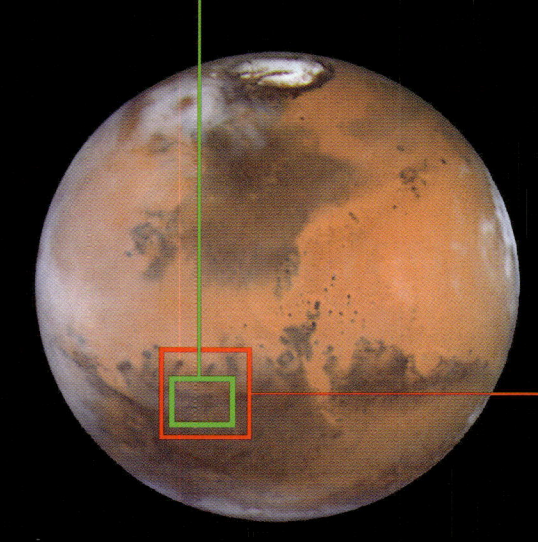

Der Ostteil des *Vallis Marineris*, übersät von zahlreichen Mesas – Plateaus
vulkanischen Ursprungs –, zeigt ein besonders chaotisches Aussehen. Die Hoch-
ebene, die auf diesem Foto zu sehen ist, misst ca. 30 Kilometer im Durchmesser
und erhebt sich ca. 3000 m über das umliegende Gebiet. Sie hat sich wahrscheinlich vor mehreren Milliarden Jahren beim Auftauen von Grundwasser-
schichten aufgebaut, die lange Zeit im Boden in Form von Eis gefangen waren.
Aus noch unbekannter Ursache – Erwachen eines Vulkans? Einschlag eines
Meteoriten? – hat das flüssig gewordene Wasser im Laufe einer oder mehrerer
sintflutartiger Überschwemmungen die brüchigsten Materialien weggerissen.
Diese Mesas sind, wenn sie auch die letzten Inseln des Widerstandes darstellen,
deshalb nicht unvergänglich, da sie von gigantischen Erdrutschen bedroht sind,
oder etwas seltener durch zerstörerische Meteoriteneinschläge. Die beiden
sichtbaren Krater haben Durchmesser von etwa 7 km. Das Foto auf der rechten
Seite zeigt einen Teil des obigen Fotos in künstlicher perspektivischer Ansicht.
© Mars Express/ESA/DLR/FU Berlin (G. Neukum)

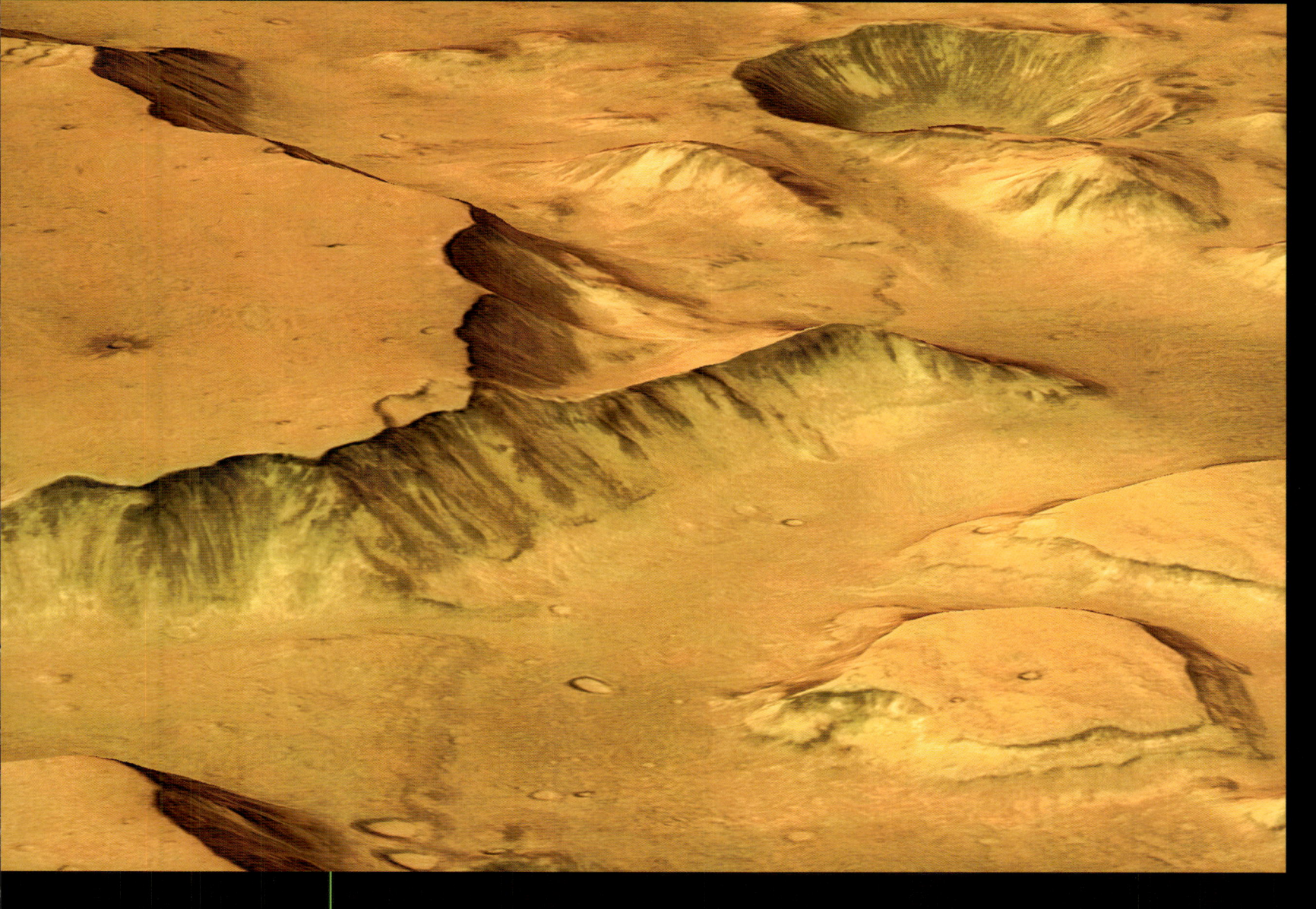

Die folgende Doppelseite gibt einen größeren Überblick über die chaotischen Gebiete östlich des *Vallis Marineris*. Der dunkle Fleck deutet für die Wissenschaftler auf die Anwesenheit sedimentärer Ablagerungen hin. Eine zerklüftete Mesa im Zentrum, umringt von steilen Klippen von 3000 m, trotzt noch der Erosion, ist aber umgeben von den mehr oder weniger abgesackten Resten ihrer ehemaligen Nachbarinnen. Der größte sichtbare Einschlagskrater hat fast 10 km Durchmesser, was eine Dimension für diese beispiellose Landschaft vermittelt.
© Mars Express/ESA/DLR/FU Berlin (G. Neukum)

Vallis Marineris ist unbestritten der größte Riss der Marskruste, verursacht durch das Aufwerfen des *Tharsis*-Plateaus, aber nicht der einzige. Das Gebiet nördlich des Riesen- vulkans *Olympus Mons*, am äußersten nördlichen Rand der *Tharsis*-Region, zeigt ebenfalls ein prächtiges Ensemble von Verwerfungen, *Acheron Fossae*. Bis zum Zerreißen gespannt, brach die Marskruste auseinander und erzeugte dieses Relief in Treppenform, das die Geologen ein »Horst-und-Graben-System« nennen. Auf der Erde kann man ein solches in freier Natur auf beiden Seiten des Großen Rifts in Kenia und auf Island bewundern. Bei der Bildbearbeitung konnte man auf eine Verstärkung des Hoch-Tiefkontrastes ganz verzichten; die höchsten und steilsten Klippen dieser titanischen Treppe erreichen 1700 m.
© Mars Express/ESA/DLR/FU Berlin (G. Neukum)

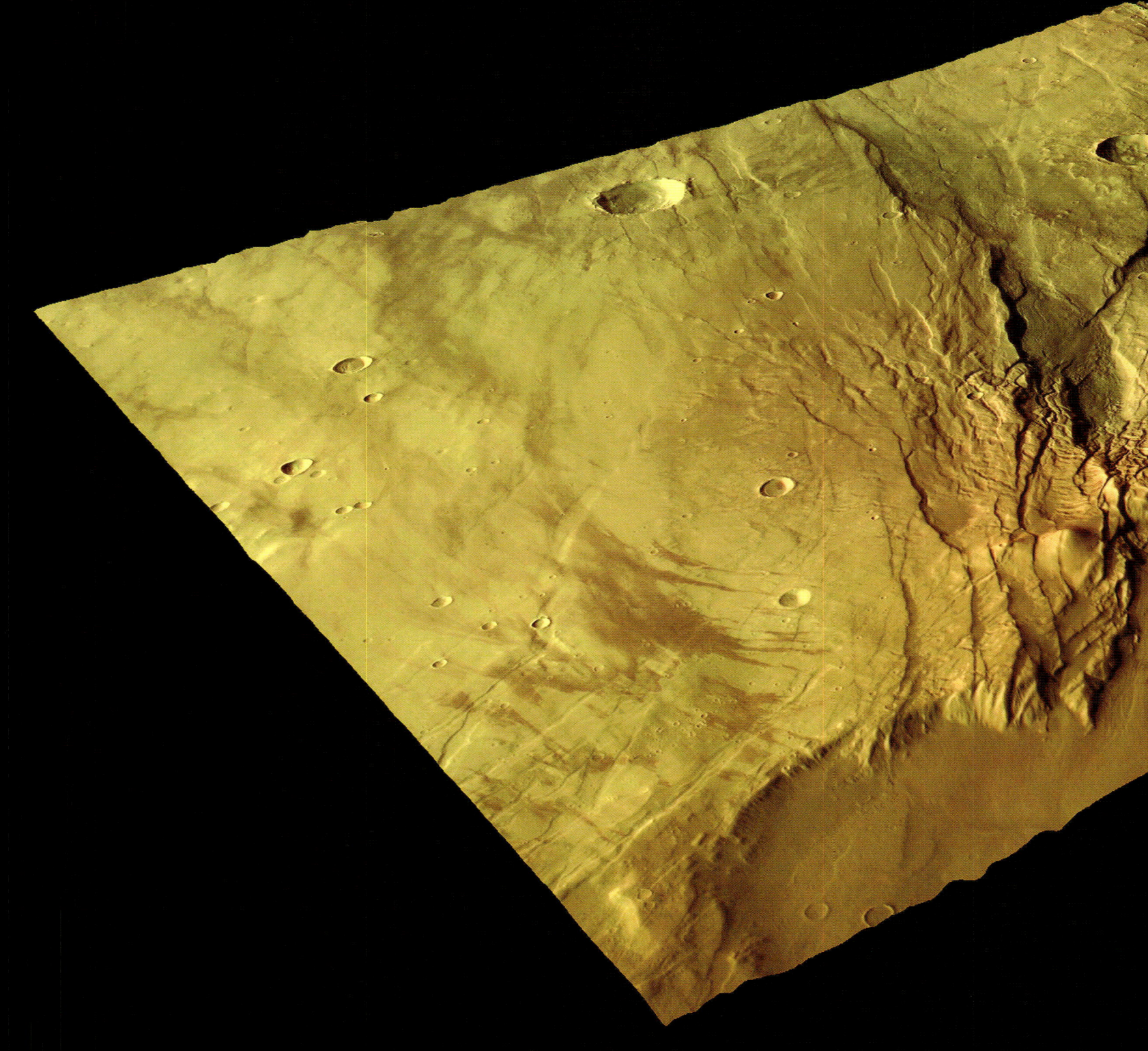

Südlich des *Vallis Marineris* dehnt sich eine Landschaft aus, die den terrestrischen Topografien gleicht, die man »Karst« nennt: unterirdische Höhlen, gegraben durch Auflösung von Kalkgestein in fließendem Wasser, die dann an der Oberfläche kreisförmige Absenkungen verursachen, die »Dolmen« der Geografen. Auch wenn noch andere geologische Prozesse diese Region geformt haben können, so ist doch die »Karst«-Hypothese faszinierend durch das, was sie impliziert. Diese Felsen hätten sich demnach bilden können, während der Mars noch jung war und seine Tiefebenen von einem weiten Ozean bedeckt waren. Ein großer Teil des Kohlendioxids (CO_2) seiner Atmosphäre muss im flüssigen Wasser gelöst gewesen sein und wurde anschließend in dicken Kalkschichten auf dem Meeresboden abgelagert. Diese Absorption könnte gleichfalls zur allmählichen Verarmung der Atmosphäre beigetragen haben. Einziger Schwachpunkt dieser Theorie: Bisher ist noch keine einzige Spur von Kalkfelsen auf dem Mars gefunden worden. Falls sie überhaupt existieren, müssen diese Felsen tief unter den Lavaströmen, Ablagerungen und Stäuben begraben sein, die sich in mehr als drei Milliarden Jahren angesammelt haben.
© Mars Express/ESA/DLR/FU Berlin (G. Neukum)

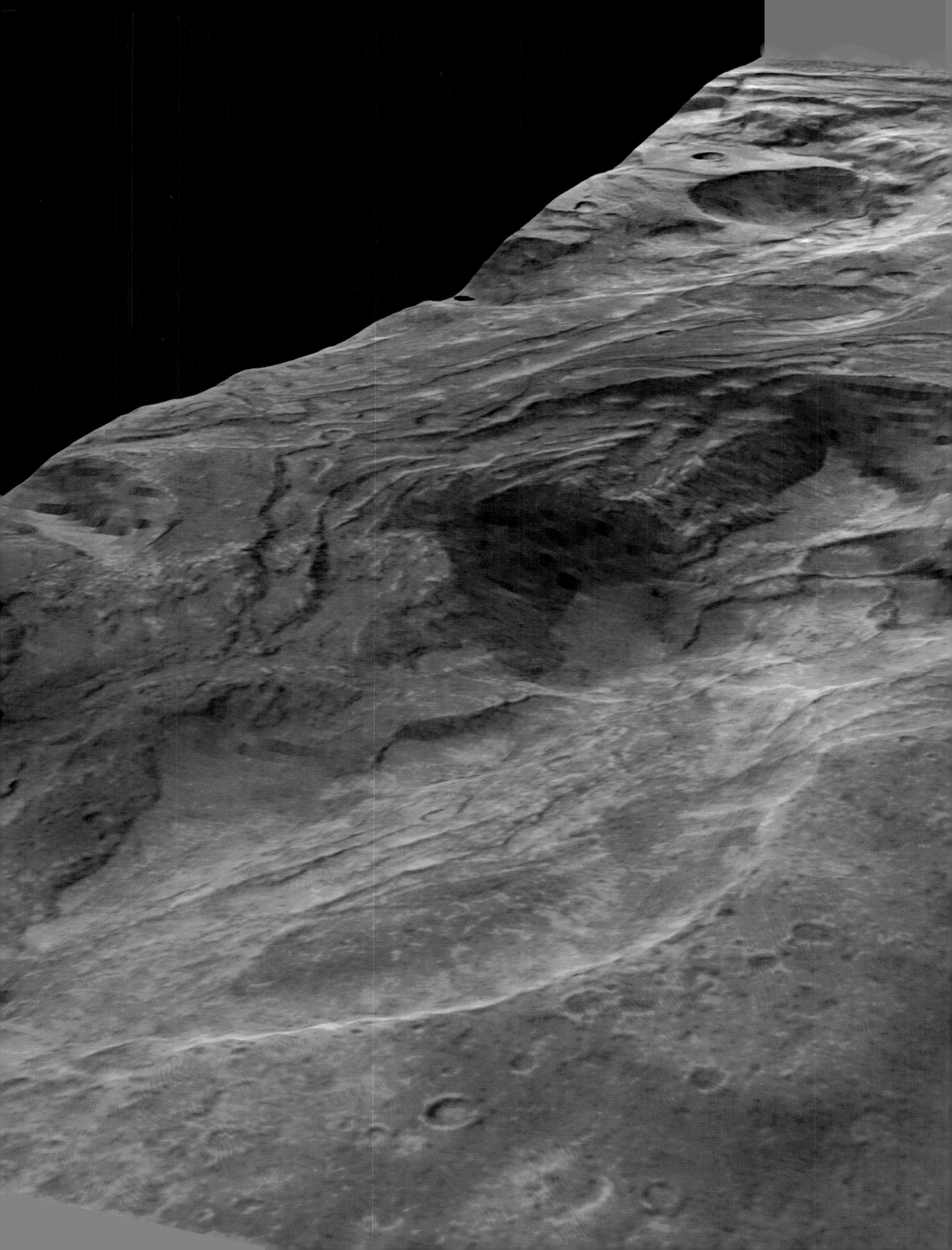

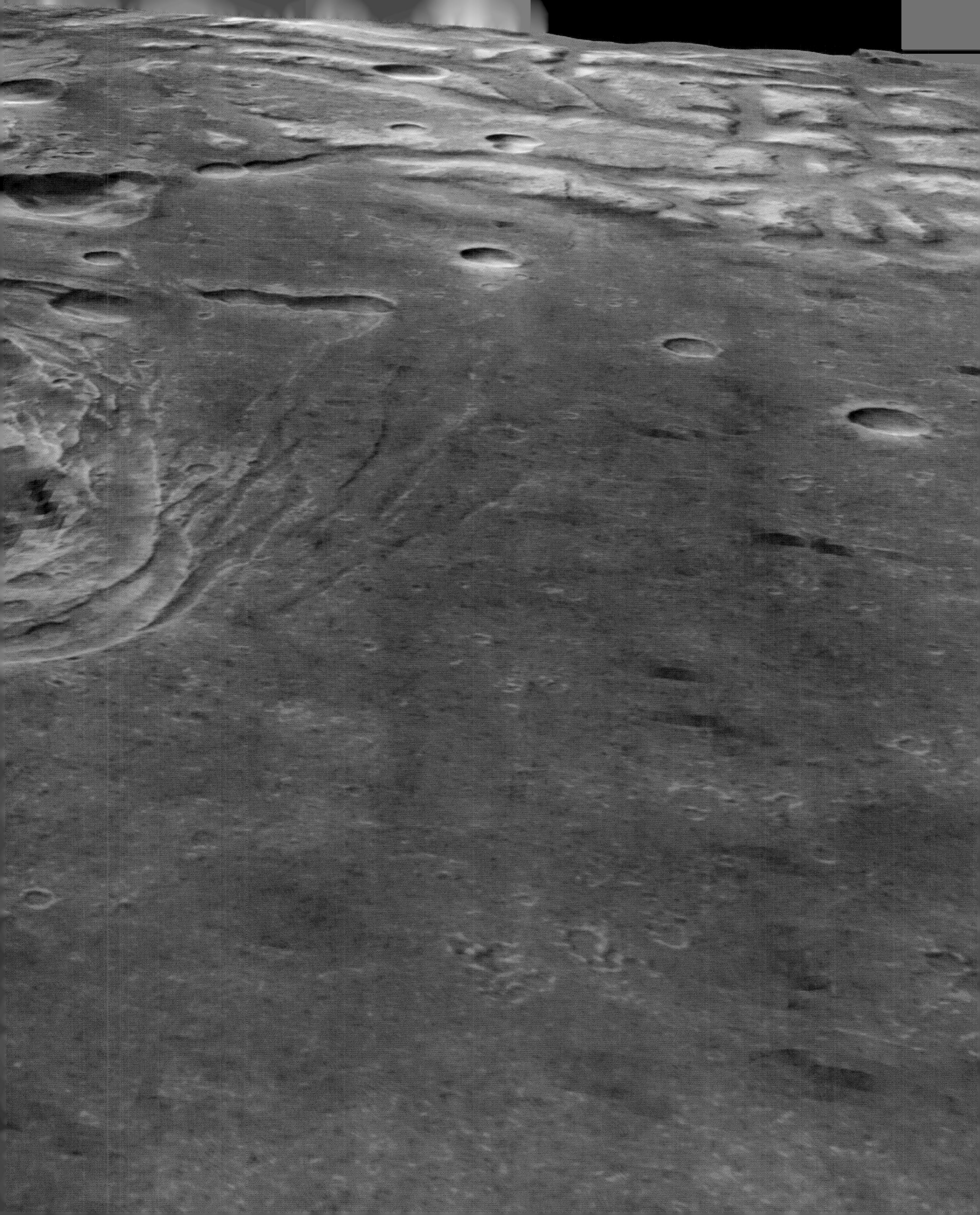

Ganges Chasma ist ein Canyon von ungefähr 4000 m Tiefe, der die nordöstliche Grenze des *Vallis Marineris* bildet. Die Instrumente der amerikanischen Sonden *Mars Global Surveyor* und *Mars Odyssey* haben die Anwesenheit von Schichtablagerungen möglicherweise sedimentären Ursprungs am Grunde dieser schönen Narbe entdeckt. Dieses Foto, aufgenommen mit einer Infrarot-Kamera, gibt nicht die wirklichen Farben dieses Gebietes wieder. Ganz oben sieht man die feinen Maschen eines Dünensystems, und die Kurven um die Reliefs herum erinnern an die Bedeutung des Windes für die Verstärkung der marsianischen Landschaften.

Kasei Vallis vereint zwei vor mehreren Milliarden Jahren entstandene imposante Täler, die weit nördlich des *Vallis Marineris* gelegen sind. Sie sind von wilden Fluten zahlreicher katastrophaler Überschwemmungen gegraben worden, die wahrscheinlich in die Risse eingedrungen sind, die sich bei der Aufwölbung der *Tharsis*-Erhebung gebildet haben. Diese Zone, hier als Falschfarben-Foto abgebildet, befindet sich am Zusammenfluss der zwei Arme des *Kasei Vallis*. Um solche Täler zu erzeugen, die sich manchmal mehr als 3000 m tief in das Plateau *Lunae Planum* einschneiden und bis zu 50 km breit werden können, braucht es, so schätzen die Planetologen, einen Wasserdurchsatz, der einige zigtausendmal größer ist als der des Amazonas. Wegen der Ablagerungen beträchtlicher Massen, die sich am Grund der Flussbette angesammelt haben, stellen die *Kasei Vallis* in den Augen der Wissenschaftler ein Forschungsobjekt ersten Ranges dar. Da sie sich genauere Untersuchungen wünschen, müsste man dafür die Landung eines Geräts im *Kasei Vallis* ins Auge fassen. Die aktuellen Techniken jedoch, die auf der Anwendung von Airbags beruhen, sind nicht geeignet für Gebiete mit einer so zerfurchten Oberfläche.

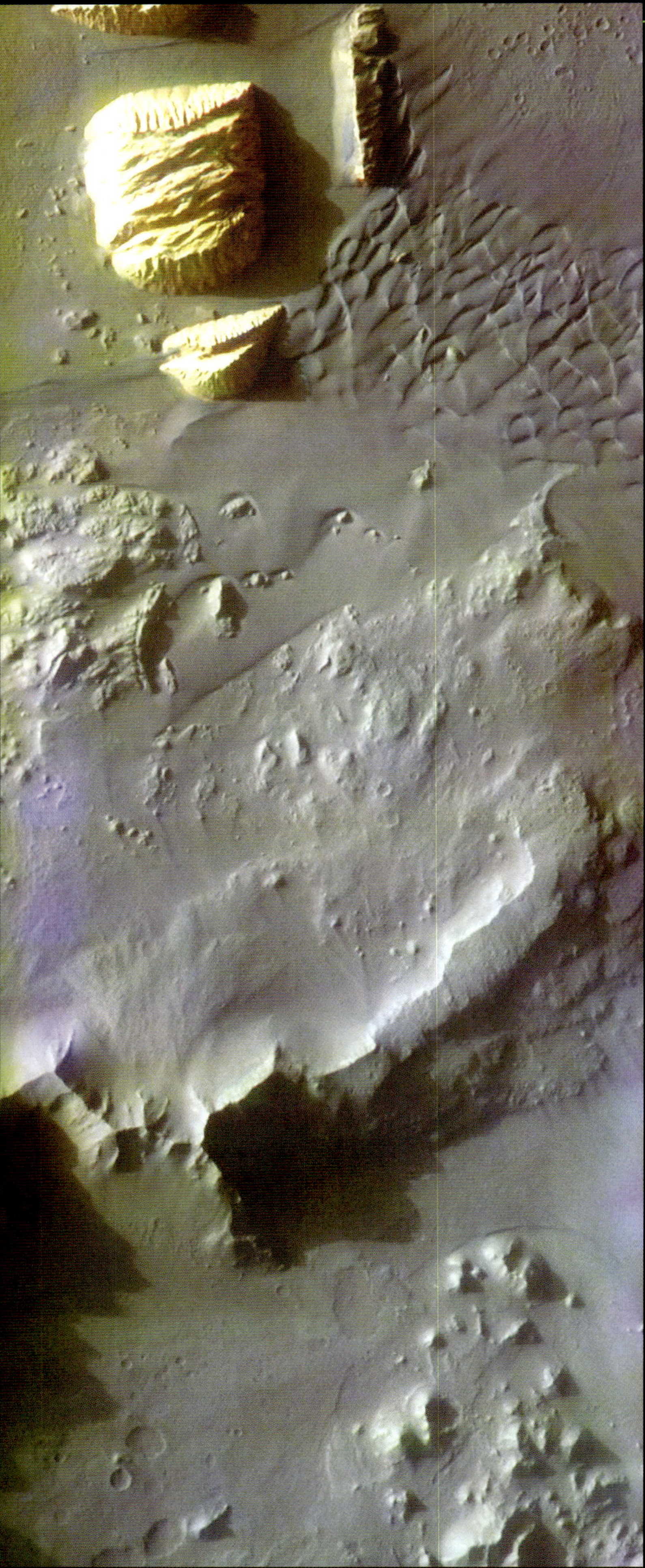

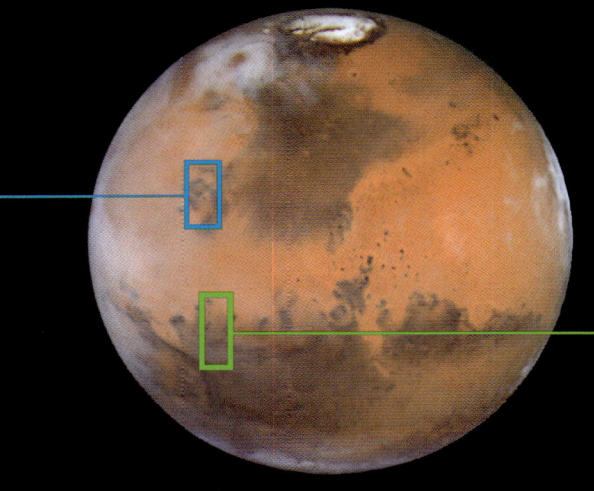

Polares Eis und Gletschertäler

Wenn der Mars die Erde in geringstem Abstand passiert, ist mit einem Amateur-Fernrohr oder -Teleskop der weiße Fleck einer Polkappe oft einwandfrei sichtbar. Es ist übrigens sehr eindrucksvoll, Woche für Woche die langsame Abnahme des Einflusses der Kälte auf den einen oder anderen Pol zu verfolgen. Aber um was für eine Art von Eis handelt es sich eigentlich? Dasselbe, das unsere Arktis und Antarktis bedeckt, oder ist es eine Kohlenstoffverbindung? Da die Marsatmosphäre zu 95 Prozent aus Kohlendioxid (CO_2) besteht und das Wasser von der Oberfläche des Planeten schon seit Milliarden von Jahren verschwunden ist, scheint die zweite Hypothese die plausiblere zu sein.

Dennoch beweisen die Messungen der Sonden, dass unzweifelhaft Wassereis den Nordpol unseres Nachbarn bedeckt. Was den Südpol betrifft, von dem man glaubte, er sei mit einer Kalotte aus Trockeneis bedeckt, so haben die Messungen der europäischen Sonde *Mars-Express* ergeben, dass er ebenfalls Wassereis enthält.

Da die Rotationsachse des Mars um 25,2° geneigt ist – etwas mehr als die der Erde –, sind die beiden Hemisphären dem Wechsel der Jahreszeiten ausgesetzt, der noch dadurch verstärkt wird, dass die Umlaufbahn des Planeten um die Sonne stark oval ist. In den Polregionen können die winterlichen Temperaturen unter –125 °C absinken, eine thermische Grenze, unterhalb derer sich das CO_2 als Kohlendioxid-Reif niederschlägt. Die Niederschläge dieser besonders kalten Jahreszeiten sind nicht unerheblich, können sie doch am Ende des Winters bis zu 30 Prozent des Planeten mit einem weißen Schleier bedecken.

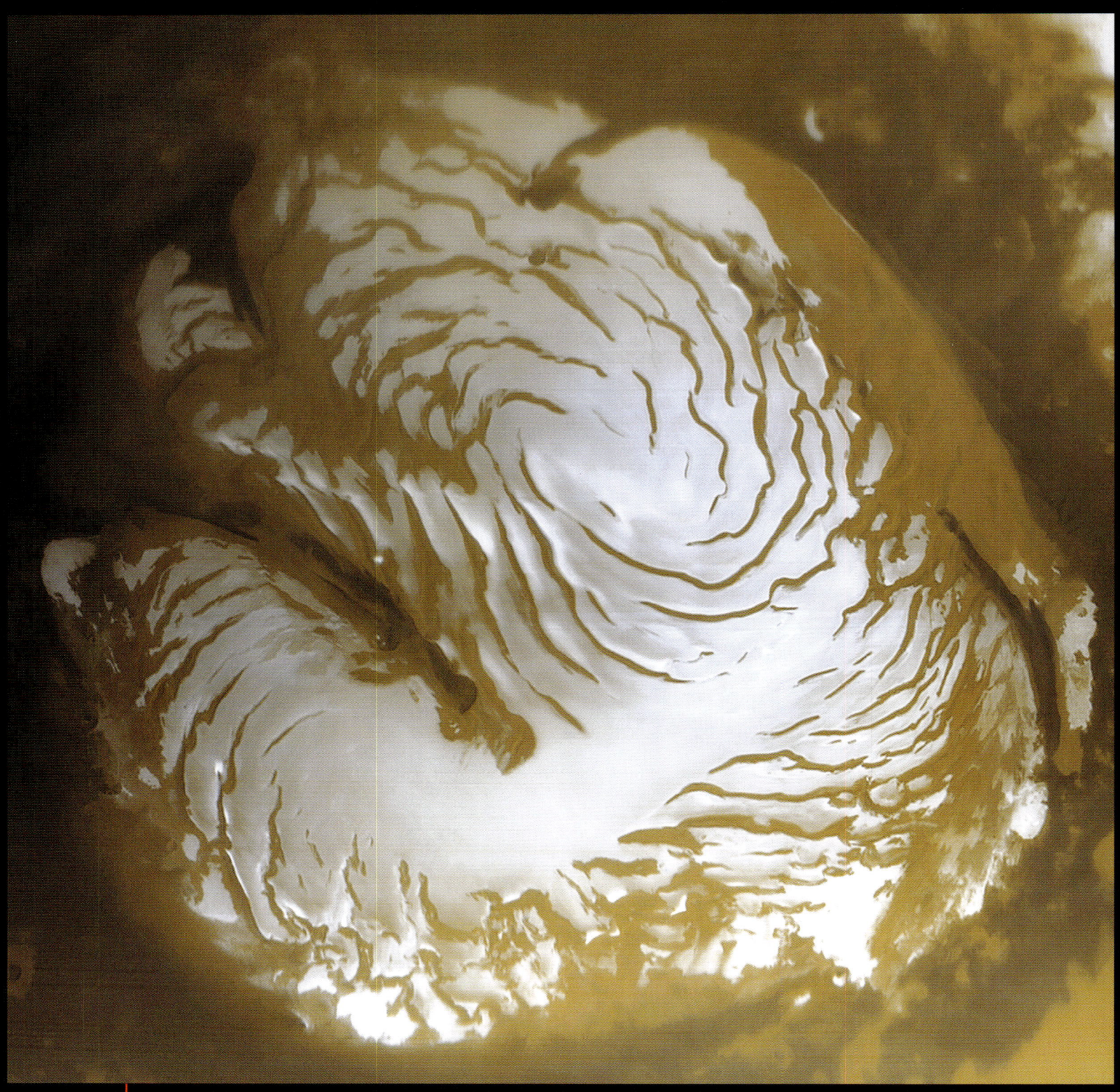

Die nördliche Polkappe, die etwa viermal so groß ist wie die, die den Südpol des Mars bedeckt, ist völlig mit Wassereis überzogen und mit ihren 1000 km Durchmesser so groß wie Frankreich. Hat sich dieser immense Gletscher einmal seines Kohlendioxid-Reifs entledigt – dieser kann die nördliche Hemisphäre bis zu einer Breite von 55° während der Winterperiode bedecken –, verändert er sein Erscheinungsbild nur unbedeutend von einem Marsjahr zum anderen, wie diese Bilder bezeugen, die am Sommeranfang im März 1999 (oben) und im Januar 2001 (rechts) aufgenommen wurden. Im Laufe der sechs Sommermonate ist dieses Reservoir gefrorenen Wassers in direktem Kontakt mit der Atmosphäre. Es gibt enorme Mengen von Wasserdampf an diese ab, was eine wichtige Rolle bei der Entwicklung der klimatischen Bedingungen und der Entwicklung der großen Sandstürme spielt (siehe Seite 112 und folgende).
© Mars Global Surveyor/NASA/JPL/MSSS

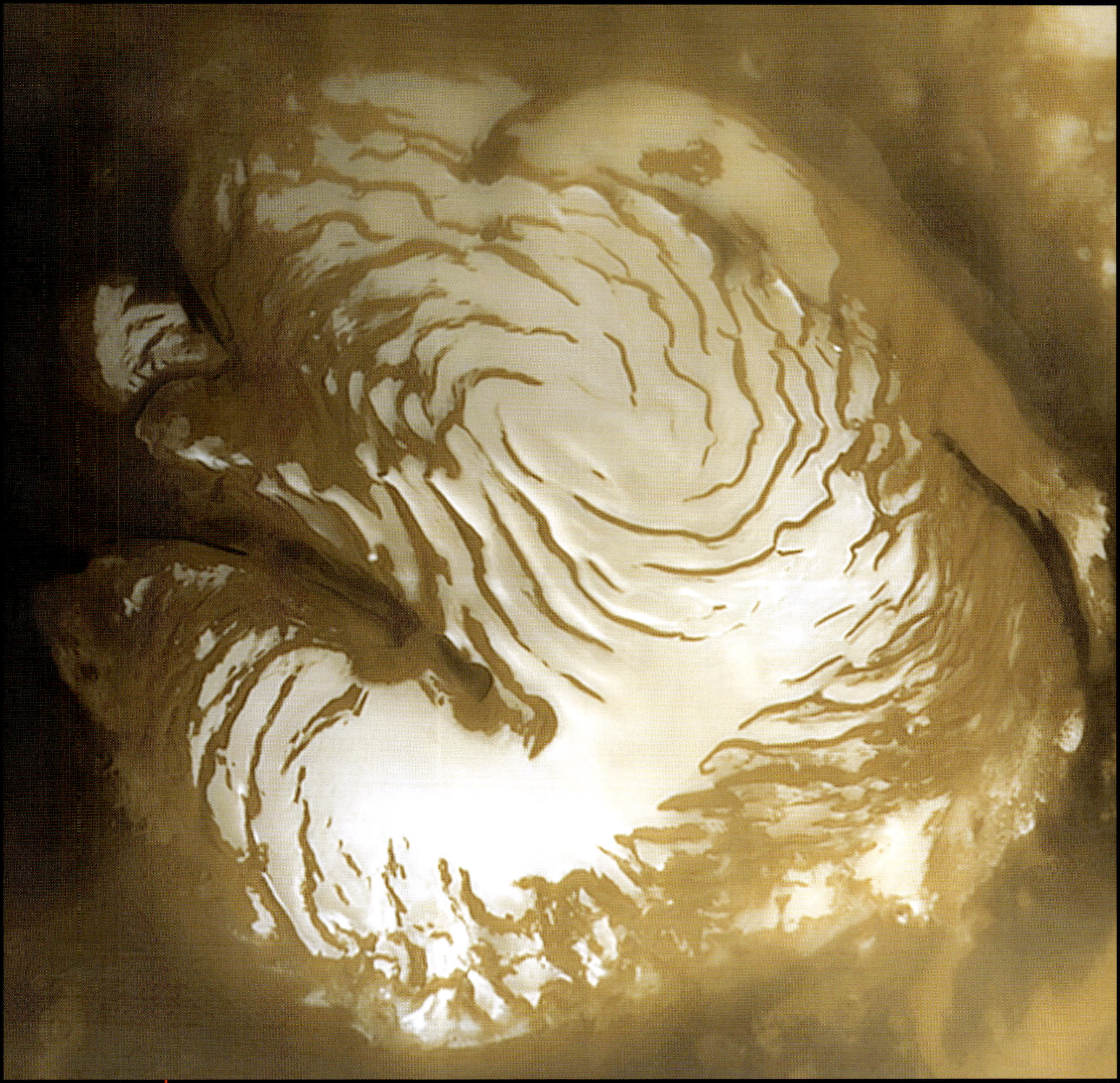

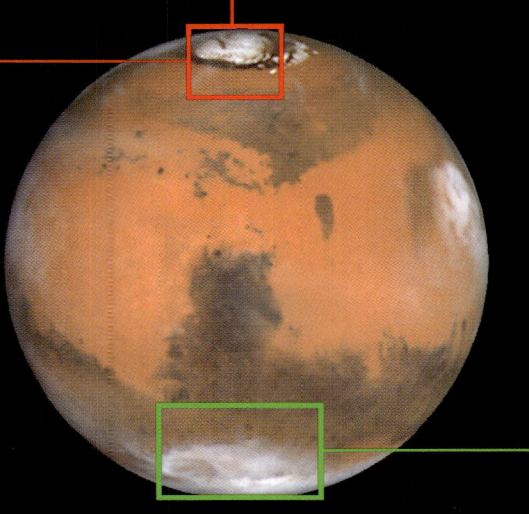

Der Südpol des roten Planeten zeigt am Ende des Winters (Seite 92) und mitten im Sommer (folgende Doppelseite) ein sehr unterschiedliches Gesicht. Im Frühling, wenn die Sonne zurückkehrt, sublimiert der Kohlendioxid-Reif, der sich während der kältesten Monate des Marsjahres bis fast auf 50° südlicher Breite niedergeschlagen hat, das heißt er geht direkt vom festen in den gasförmigen Zustand über. Dennoch steigt selbst mitten im Sommer die Temperatur der extremen südlichen Polarregionen nicht über –125 °C, und eine kleine Kappe »ewigen Eises« – von etwa 400 km Durchmesser – widersteht den flach einfallenden Strahlen des bleichen Zentralgestirns. Diese Polkappe, fotografiert während des südlichen Winters im Jahre 2000, besteht aus Eis (Kohlendioxid und Wasser).

© Mars Global Surveyor/NASA/JPL/MSSS

Wie auf der Erde, könnte sich das Studium der Polkappen des Mars als reich an Informationen über vergangene klimatische Bedingungen des Planeten erweisen. Die präzisesten Aufnahmen der Gletscherränder zeigen abwechselnd helle und dunkle Schichten. Bei einer Dicke von ca. zehn Metern enthalten die hellsten Schichten in der Hauptsache Eis, die dunkelsten eine Mischung aus Eis und Staub. Manche Forscher sehen darin die Bestätigung der Hypothese, nach der der Mars beträchtliche Klimaveränderungen erfahren hat und noch erfährt. Diese könnten durch eine zyklische Variation der Neigung der Rotationsachse hervorgerufen werden. Während der geringsten Achsenneigungen – zwei- bis dreimal schwächer als gegenwärtig – empfingen die Pole weniger Sonnenenergie und wären demnach kälter, sodass sich große Eisablagerungen bilden könnten. Im gegenteiligen Fall – also doppelt so groß wie heute – würde das Ansteigen der polaren Temperatur die Abgabe einer großen Menge von Kohlendioxid und Wasserdampf in die Atmosphäre erlauben. Diese Situation würde dann Druckunterschiede und starke Winde erzeugen und auch zahlreiche Sandstürme. Die saisonbedingten Eisablagerungen wären in diesem Falle weniger mächtig und mit Staub bedeckt.
© Mars Odyssey/NASA/JPL/ASU/Themis

Diese Großaufnahmen in Falschfarben von zwei Gebieten am Rande der nördlichen Polkappe zeigen Schichten, die sich im Laufe der Zeit gebildet haben. Falls die Hypothese der zyklischen Variation der Neigung der Rotationsachse des roten Planeten richtig ist (siehe linke Bildlegende), dann könnte jede dieser Schichten die Anhäufung von fast reinem oder mit Staub vermischtem Eis während fast hundert Millionen Jahren darstellen.
© Mars Odyssey/NASA/JPL/ASU/Themis

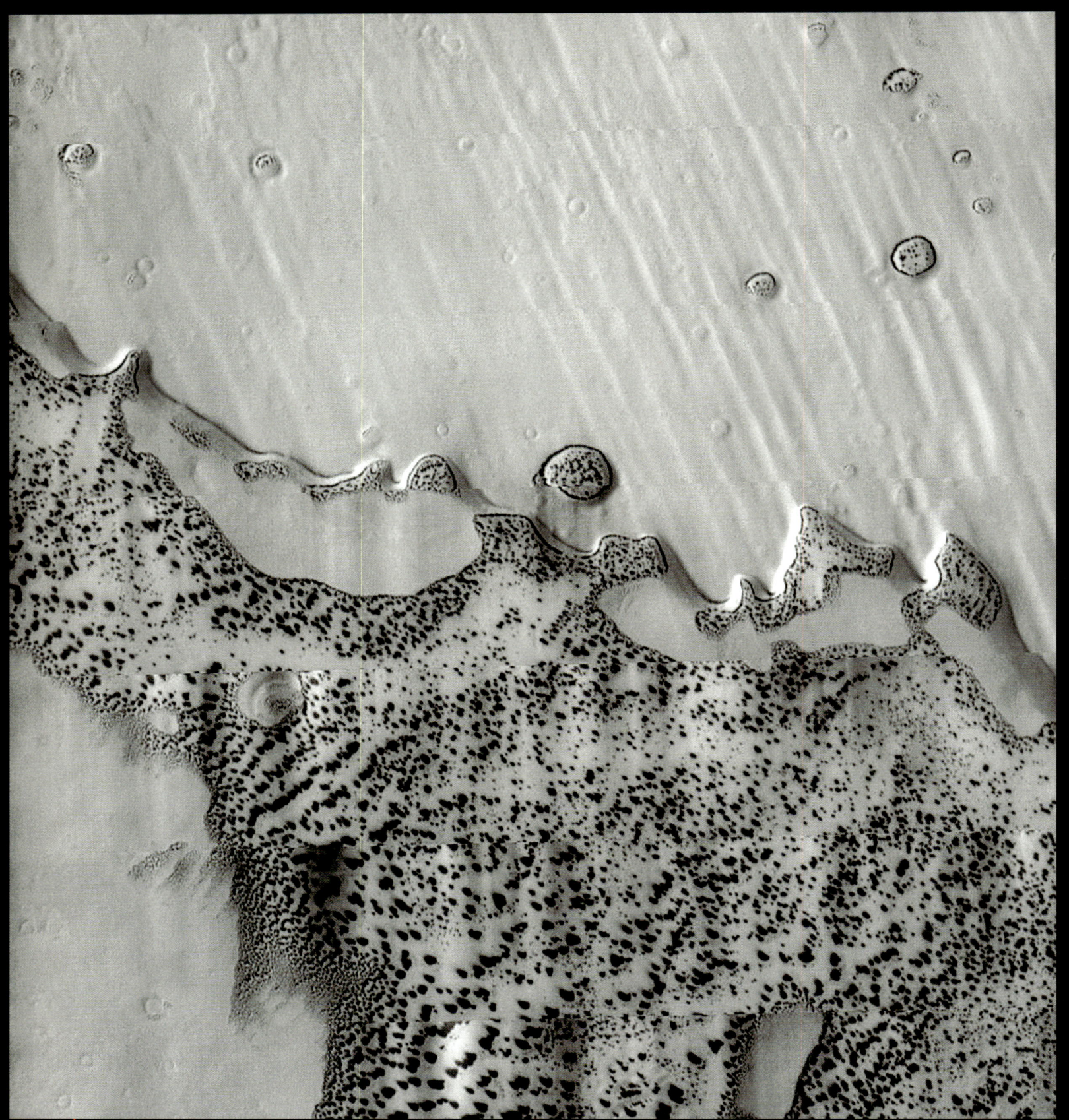

Am Anfang des Frühlings werden auf dem Mars wie auf der Erde die Tage länger, und die Sonneneinstrahlung nimmt zu. Überall wo der Winter einen weißen Mantel aus Kohlendioxid-Reif (er könnte einen guten Meter Höhe erreichen!) ausgebreitet hat, nimmt die Temperatur zu. Überschreitet sie die kritische Marke von −125 °C, kann der Reif sublimieren, das heißt direkt vom festen in den gasförmigen Zustand übergehen. Langsam, aber sicher nimmt die Marsoberfläche das Aussehen eines wunderschönen Dalmatiners an! Und dann beschleunigt sich der Prozess. Wenn ein Teil der Oberfläche von ihrem weißen Kleid befreit ist, heizt sie sich schnell auf, was die Schmelze des umgebenden Reifes beschleunigt. In ein paar Wochen befreien sich so sehr weite Gebiete aus der Umarmung des Winters.

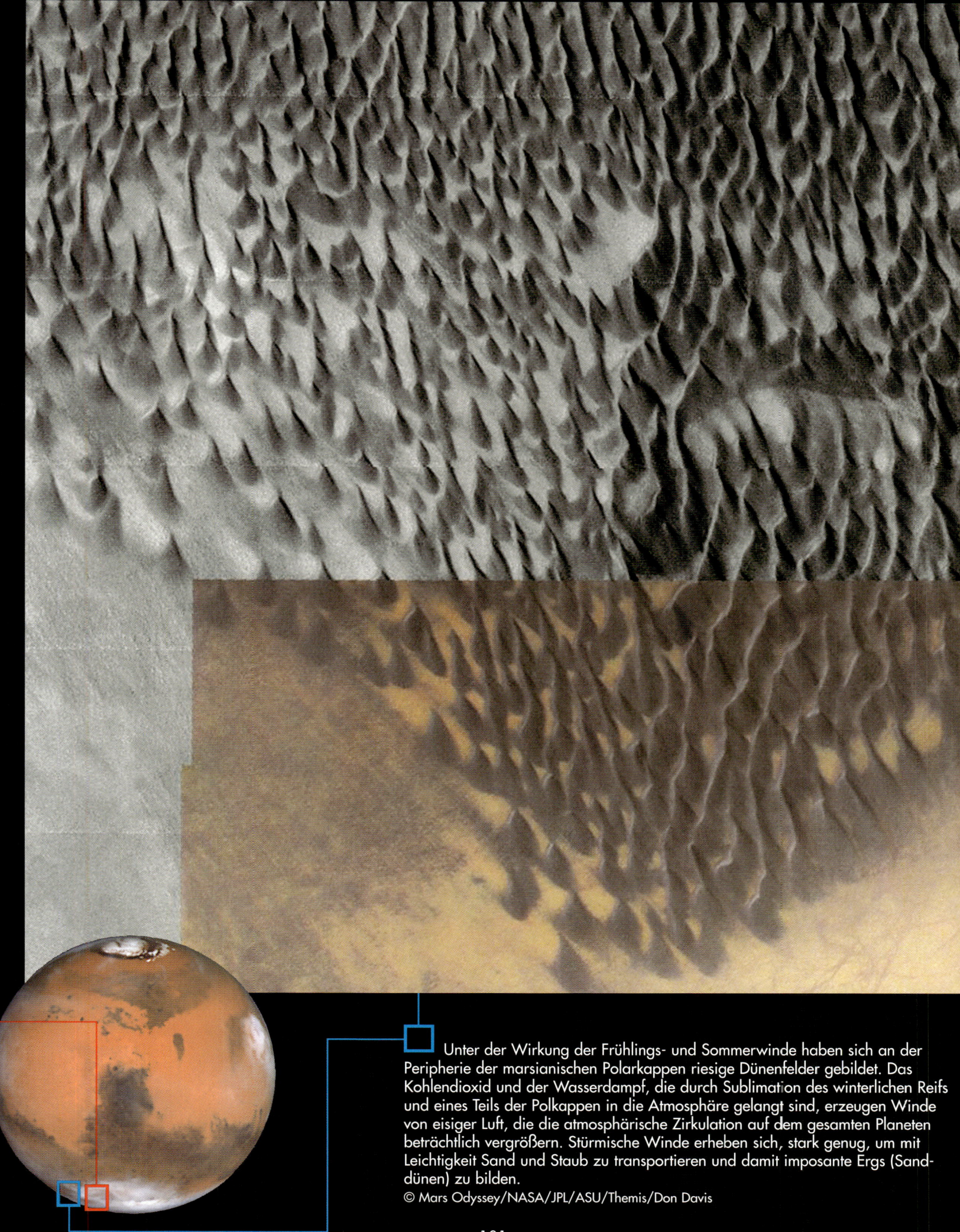

Unter der Wirkung der Frühlings- und Sommerwinde haben sich an der Peripherie der marsianischen Polarkappen riesige Dünenfelder gebildet. Das Kohlendioxid und der Wasserdampf, die durch Sublimation des winterlichen Reifs und eines Teils der Polkappen in die Atmosphäre gelangt sind, erzeugen Winde von eisiger Luft, die die atmosphärische Zirkulation auf dem gesamten Planeten beträchtlich vergrößern. Stürmische Winde erheben sich, stark genug, um mit Leichtigkeit Sand und Staub zu transportieren und damit imposante Ergs (Sanddünen) zu bilden.

© Mars Odyssey/NASA/JPL/ASU/Themis/Don Davis

Fingerabdrücke und ein Käseanschnitt! Daran könnte man denken beim Anblick der nebenstehenden Fotos. Sie zeigen Gebiete von einigen Quadratkilometern in der Nähe des Südpols, auf denen die kleinsten sichtbaren Details kaum 1,50 m groß sind. Da der südliche Sommer kürzer und kälter ist als sein nördliches Pendant, sublimiert das Kohlendioxid, das einen großen Bestandteil der Polkappe ausmacht, nicht völlig, so wie dies auf der Nordhalbkugel geschieht. Sie ist auch einer Art von Erosion unterworfen. Seit dem Beginn ihrer Mission hat die Sonde *Mars Global Surveyor* die südlichen Polregionen während dreier Sommerperioden beobachtet. Ihre hochaufgelösten Bilder zeigen, dass sich die Gräben und Mulden, die an der Oberfläche sichtbar sind, jeden Sommer um mehrere Meter vergrößert haben. Ist dies die Auswirkung einer klimatischen Langzeitentwicklung oder sind dies nur zufällig einige »heißere« Sommer? Es ist noch zu früh, um es zu entscheiden!
© Mars Global Surveyor/NASA/JPL/MSSS

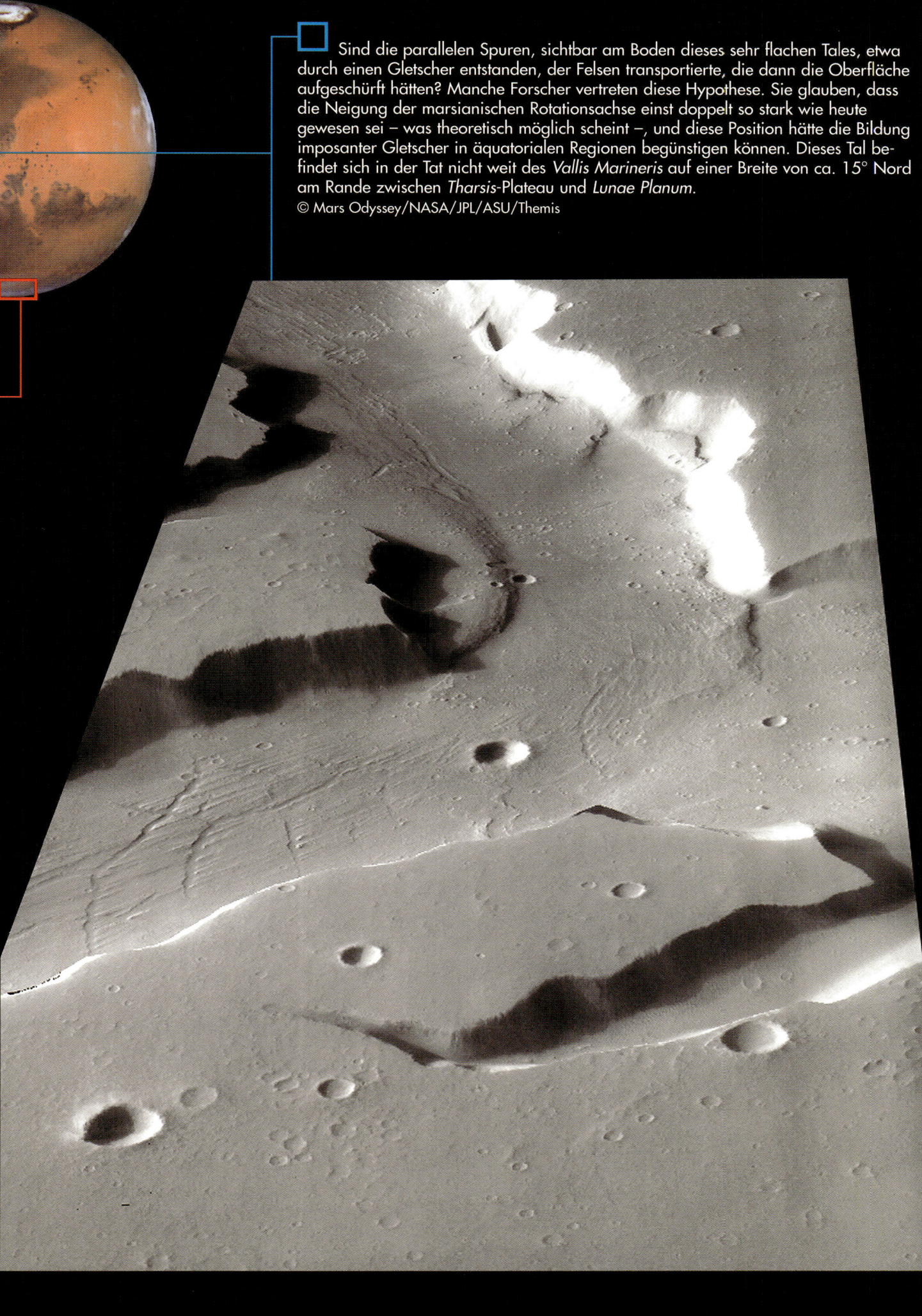

Sind die parallelen Spuren, sichtbar am Boden dieses sehr flachen Tales, etwa durch einen Gletscher entstanden, der Felsen transportierte, die dann die Oberfläche aufgeschürft hätten? Manche Forscher vertreten diese Hypothese. Sie glauben, dass die Neigung der marsianischen Rotationsachse einst doppelt so stark wie heute gewesen sei – was theoretisch möglich scheint –, und diese Position hätte die Bildung imposanter Gletscher in äquatorialen Regionen begünstigen können. Dieses Tal befindet sich in der Tat nicht weit des *Vallis Marineris* auf einer Breite von ca. 15° Nord am Rande zwischen *Tharsis*-Plateau und *Lunae Planum.*
© Mars Odyssey/NASA/JPL/ASU/Themis

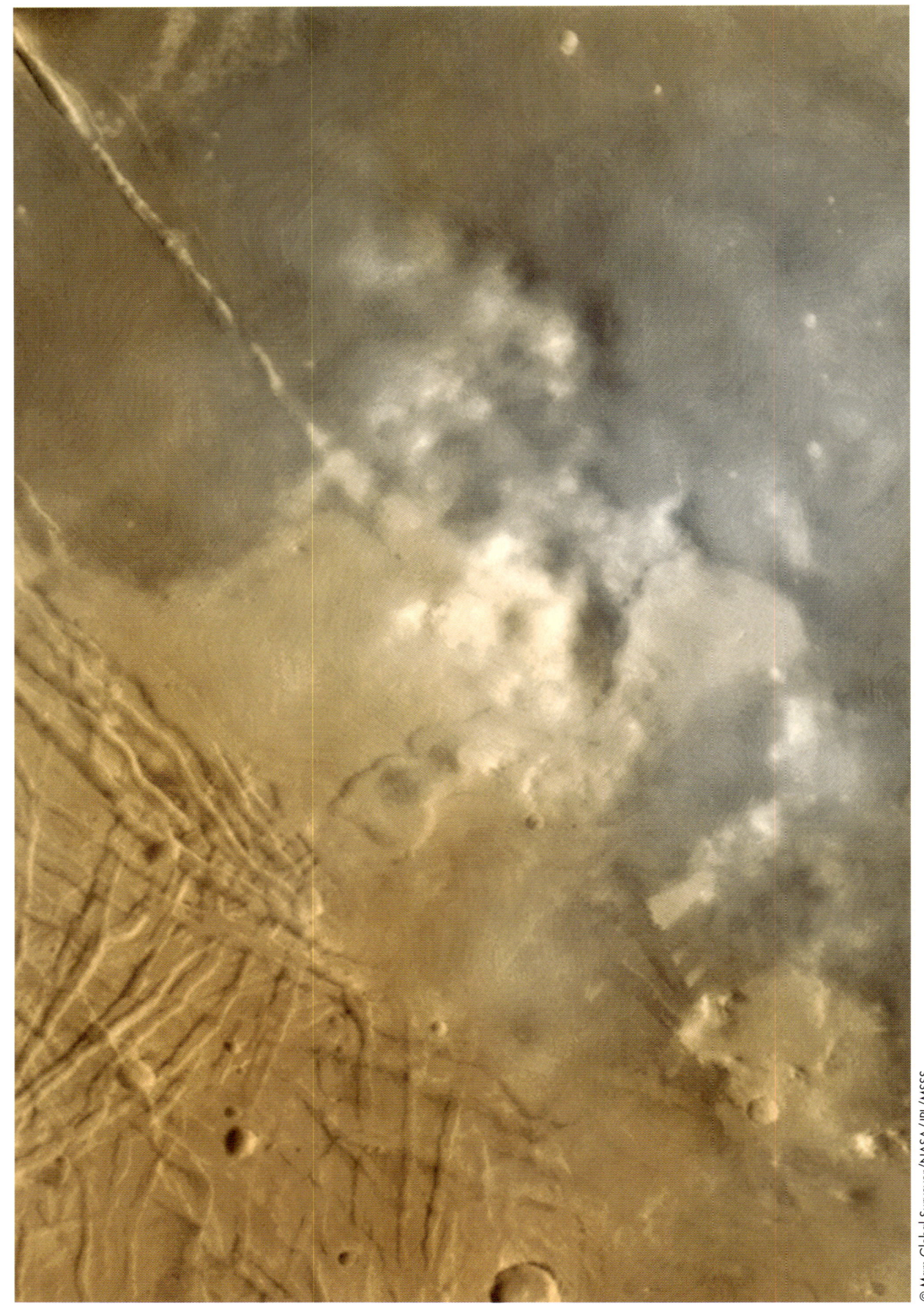

Wolken
Tornados
Stürme

Hätten unsere Vorfahren in der Antike unsere Forschungsmöglichkeiten gehabt, hätten sie zweifellos den Mars mit dem Gott der Winde und nicht dem des Krieges assoziiert. Obwohl dieser Planet von einer extrem dünnen Kohlendioxid (CO_2)-Atmosphäre umhüllt ist – der Druck am Boden ist im Mittel 165-mal kleiner als auf der Erde –, spielen sich auf ihm Windereignisse großen Ausmaßes ab. Jeden Tag entstehen Tausende von Tornados, verschwinden dann wieder und hinterlassen vergängliche Spuren ihres Umherirrens in den Landschaften des Mars. Jeden Tag erheben sich Sandstürme und legen sich wieder und saugen dabei enorme Mengen von Staub in große Höhen. Manchmal ist der gesamte Planet davon betroffen, und er verschwindet wochen-, ja monatelang hinter einem mehr oder weniger undurchsichtigen Schleier (siehe Seiten 17 und 116).

Mars, der windige Planet, ist auch, allerdings weniger ausgeprägt, eine neblige und wolkige Welt. Je nach Jahreszeit ist nicht selten zu erkennen, wie bei Sonnenaufgang Nebel in Canyons und Täler eindringt. Später am Tag bilden sich feine Eiskristalle, die sich auf den höchsten Bergspitzen niederschlagen und ihnen ein seltsam irdisches Aussehen verleihen. Im Hochsommer der nördlichen Hemisphäre, wenn die Eiskappe am Nordpol die Atmosphäre mit Wasserdampf versorgt, umschlingt eine Girlande von Wolken den Äquator des Planeten (gegenüberstehendes Foto). Wenn der Winter naht, bewirkt das generelle Abkühlen der Nordhalbkugel die Bildung einer echten Nebelmütze über der Kalotte aus Wassereis.

Nebel bedecken den Westteil des *Vallis Marineris*. Die fraktale Geometrie des *Louros Vallis* ist unten im Bild sichtbar (siehe Seite 22). Im Zentrum stört eine Serie von Einschlagskratern das Ebenmaß von *Tithonium Catena*, die im Norden mit dem zerfurchten Canyon *Tithonium Chasma* endet. Im Laufe des nördlichen Sommers verursacht das Ansteigen des Wasserdampfgehalts in der Atmosphäre die Bildung von Dunst und Nebel, wenn der Boden am Ende des Tages abkühlt. Diese Nebel bleiben die Nacht über, lösen sich aber infolge der morgendlichen Erwärmung – alles relativ! – durch die Sonne wieder auf.

© Mars Global Surveyor/NASA/JPL/MSSS

In der Mitte eines Sommernachmittags, wenn die Sonne noch hoch am Marshimmel über dem *Tharsis*-Plateau steht, sind die Schatten kurz, und die Konturen der Reliefs zeichnen sich kaum ab, obwohl sie mehr als imposant sind. Mehr als 9000 m hoch über der umgebenden Ebene zieht die zerklüftete Caldera des *Arsia Mons* die Wolken an – sie misst an die 110 km in ihrer größten Ausdehnung. Die »aufgeheizte« Marsluft steigt langsam die Hänge der vulkanischen Erhebung hoch. Dabei kühlt sie sich ab, und der Wasserdampf, den sie enthält – er stammt aus der nördlichen Polkappe –, kondensiert schließlich und bildet feine Wolken aus ganz leicht bläulich gefärbten Eiskristallen.

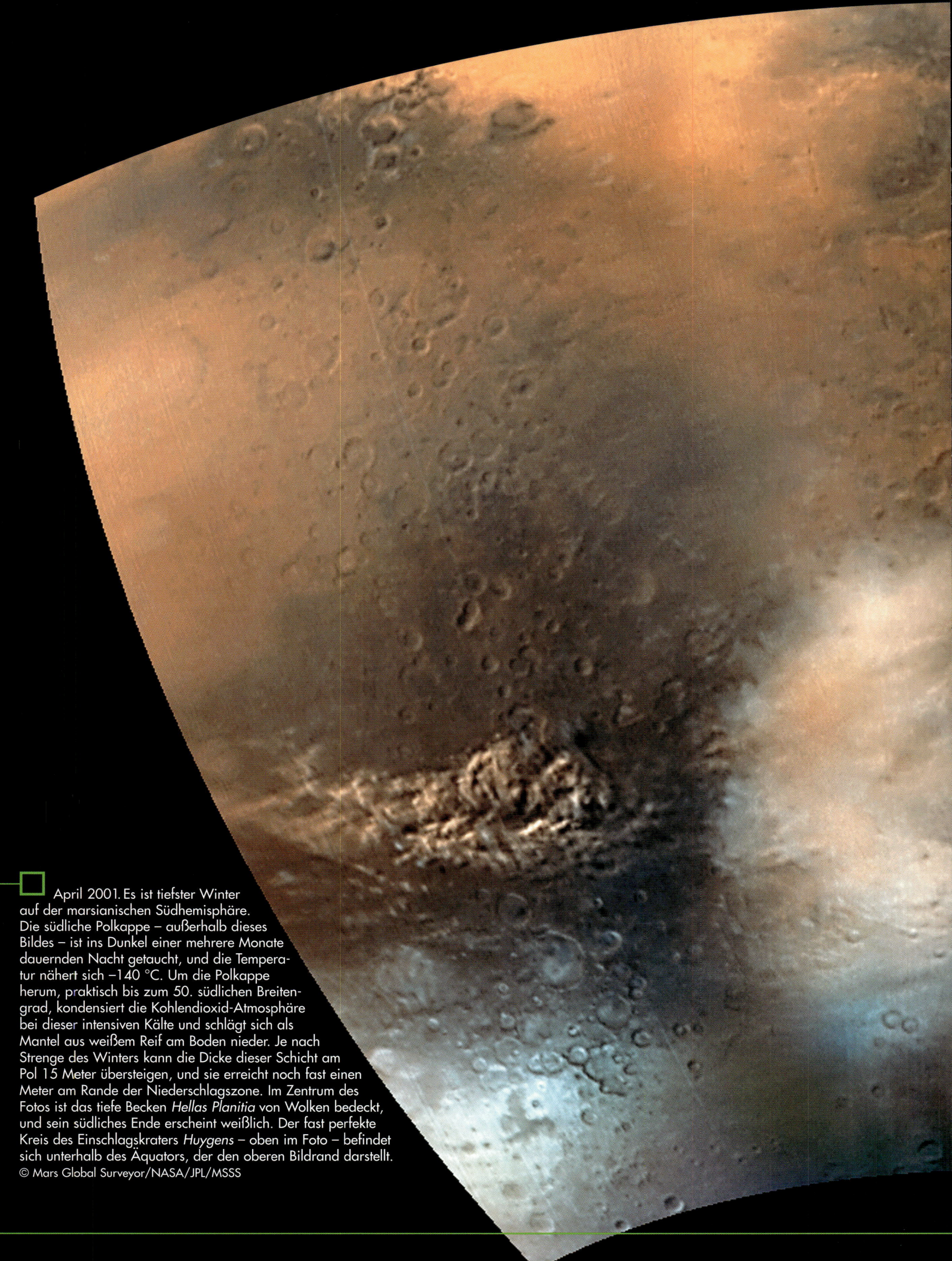

April 2001. Es ist tiefster Winter auf der marsianischen Südhemisphäre. Die südliche Polkappe – außerhalb dieses Bildes – ist ins Dunkel einer mehrere Monate dauernden Nacht getaucht, und die Temperatur nähert sich −140 °C. Um die Polkappe herum, praktisch bis zum 50. südlichen Breitengrad, kondensiert die Kohlendioxid-Atmosphäre bei dieser intensiven Kälte und schlägt sich als Mantel aus weißem Reif am Boden nieder. Je nach Strenge des Winters kann die Dicke dieser Schicht am Pol 15 Meter übersteigen, und sie erreicht noch fast einen Meter am Rande der Niederschlagszone. Im Zentrum des Fotos ist das tiefe Becken *Hellas Planitia* von Wolken bedeckt, und sein südliches Ende erscheint weißlich. Der fast perfekte Kreis des Einschlagskraters *Huygens* – oben im Foto – befindet sich unterhalb des Äquators, der den oberen Bildrand darstellt.

© Mars Global Surveyor/NASA/JPL/MSSS

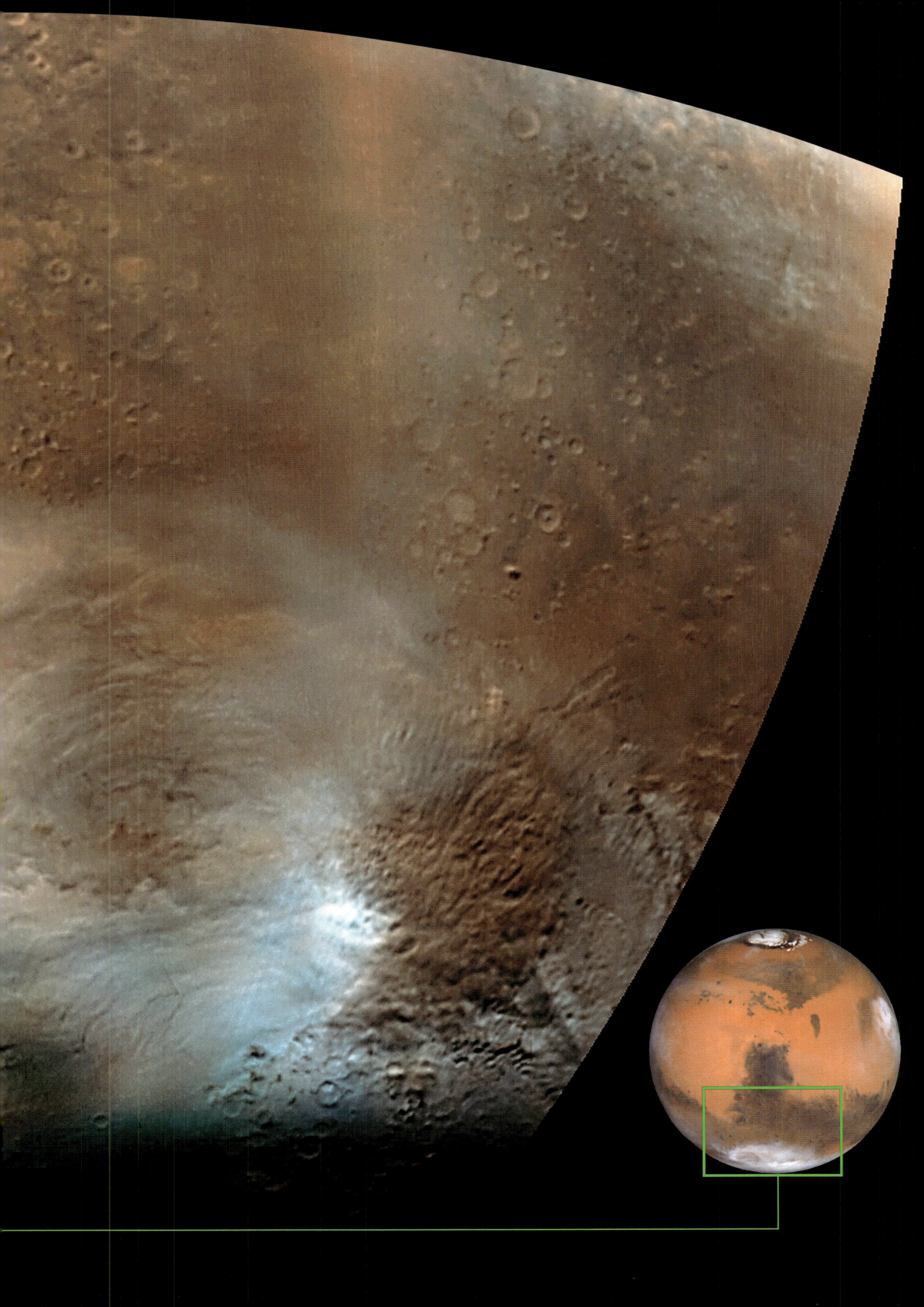

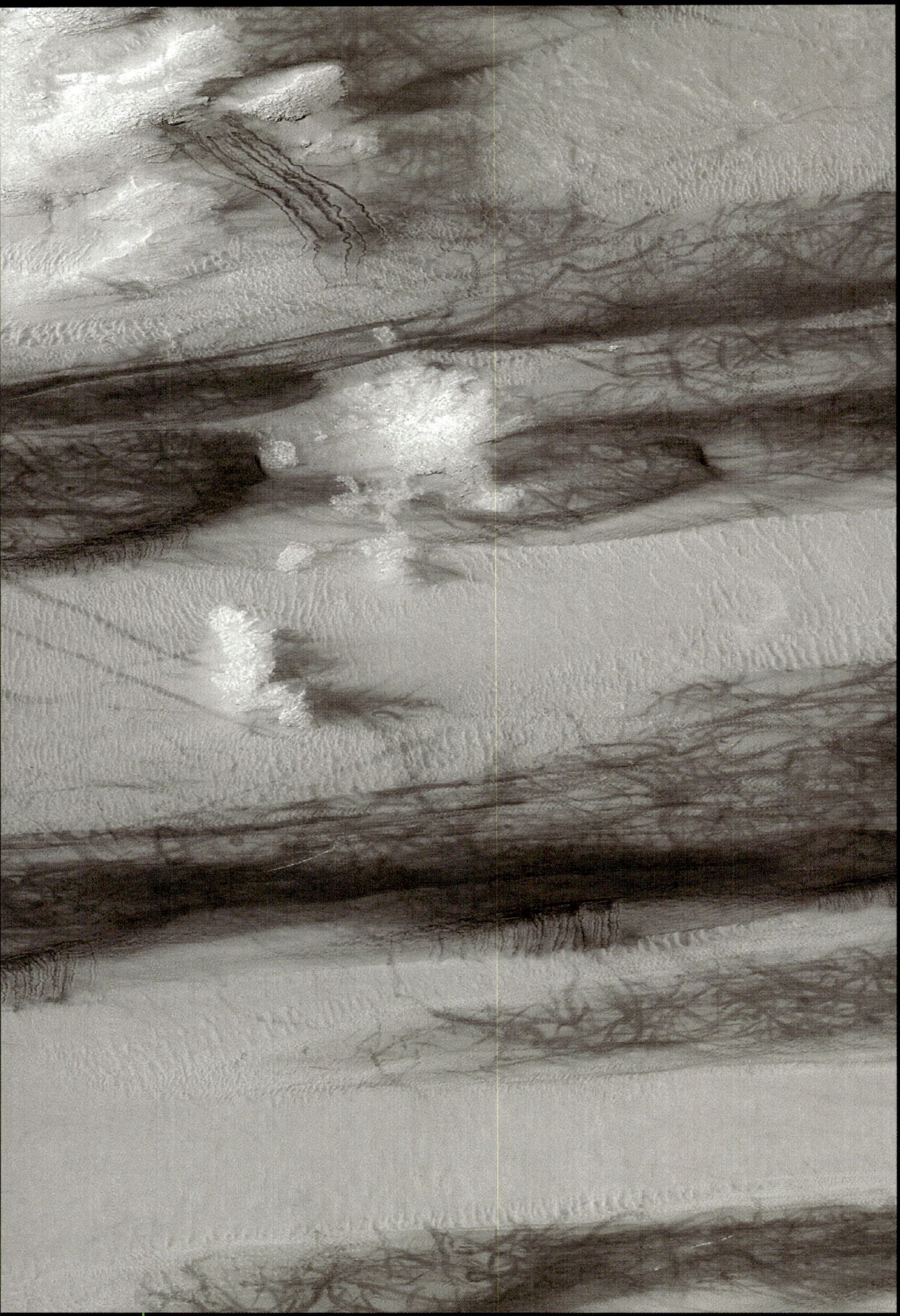

Die Tornados und Staubwirbel, die die Amerikaner *dust devil* – »Staubteufel« – nennen, sind die wahren Grafiker auf dem Planeten der Winde. Unentwegt überdecken sie den Boden der Südhemisphäre mit dunklen Spuren, die die winterlichen Sandstürme letztendlich wieder ausradieren. Warum nur die Südhemisphäre? Weil der Mars während des südlichen Winters der Sonne näher steht, und dieser deshalb deutlich weniger kalt ist als sein nördliches Gegenstück. Um die Mittagszeit steigt die Temperatur in den äquatorialen Regionen manchmal weit über 0 °C und kann »irdische« Werte um 20 °C erreichen. Über der »überhitzten« Oberfläche steigen bisweilen Luftblasen auf, da sie von der Anhebung der Temperatur profitieren und dabei einen Sog erzeugen, der die umgebende Atmosphäre und die feinsten Stäube mitreißt. Das Ganze fängt an zu rotieren und nimmt Ausmaße an, die ganz und gar nicht unbedeutend sind. Die größten Mars-Tornados haben einen Durchmesser von mehreren hundert Metern und sind fast 10 km hoch! Diese Tornados, deutlich beeindruckender als die Teufel oder Teufelchen, die die Glut schüren, sind die Windgeister, die unaufhörlich ihre Geschichte in den orangefarbenen Staub des Mars schreiben, wie hier auf *Promethei Terra*.

© Mars Global Surveyor/NASA/JPL/MSSS

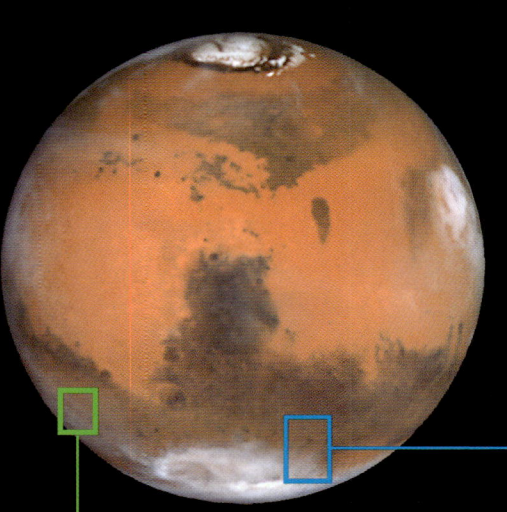

Das obere Foto zeigt eine Dünenlandschaft – im lachenden Krater *Galle* (siehe Seite 55) –, deren Oberfläche durch die Passage unzähliger Wirbelwinde mit Streifen geschmückt wurde. Diese Tornado-Teufel blasen den sehr feinen, hellen Staub weg, den man auf dem ganzen Planeten findet und den die beiden amerikanischen Roboter *Spirit* und *Opportunity* erst einmal wegfegen mussten, um die darunter liegenden Felsen analysieren zu können. So lassen sie dunklere Streifen hinter sich, die sich überkreuzen, je nach dominierender Windrichtung. Mehrere Abflussrinnen – vielleicht von flüssigem Wasser? – sind ebenfalls oben und in der Mitte des Bildes erkennbar.

© Mars Global Surveyor/NASA/JPL/MSSS

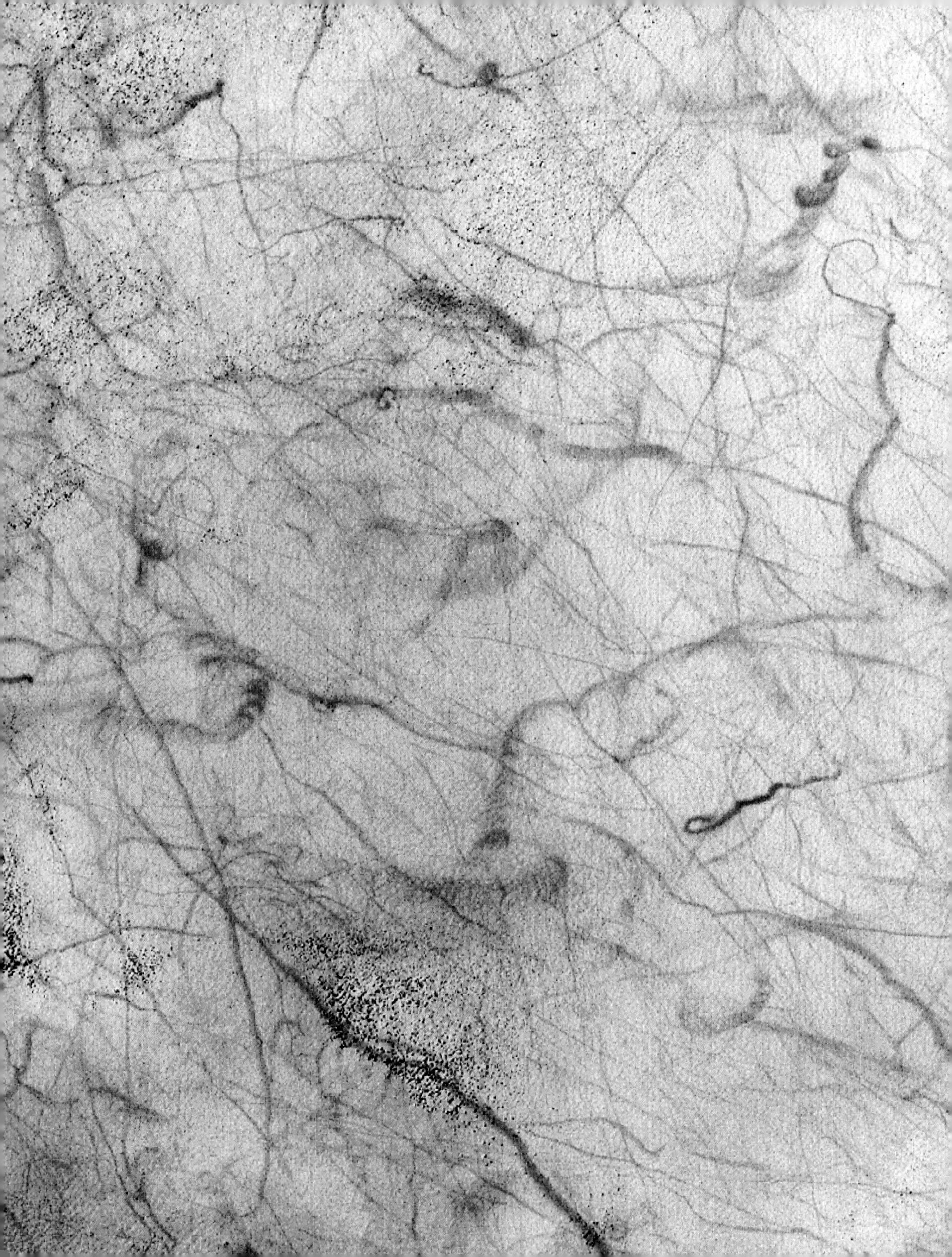

Einige Monate vor der schönsten Marsopposition – im August 2003 – hat die Sonde *Mars Global Surveyor* diese »Panorama-Aufnahme« geschossen, die von den südlichen Polregionen – unten im Bild – bis zum Rande von *Utopia Planitia* in mehr als 60° nördlicher Breite reicht. Praktisch auf der Diagonalen des Fotos ausgerichtet, vom oberen rechten zum unteren linken Eck, signalisieren zwei Sandstürme und ein nebliger Kreis eine intensive Aktivität der Marsatmosphäre. Der erste oben bewegt sich über *Elysium Planitia*, nördlich der großen Vulkane, die diese Region markieren. Richtung Zentrum empfängt *Isidis Planitia* einen zweiten Sandsturm, mit einem Durchmesser von mehr als 1000 km. Der Nebel unten hat sich des riesigen Kraters *Hellas Planitia* bemächtigt.
© Mars Global Surveyor/NASA/JPL/MSSS

Wie ein zartes Halstuch, das in der Luft flattert, gleitet eine längliche Staubwolke über den Norden von *Acidalia Planitia*. Im Zentrum der Aufnahme filtert ein bläulicher Schleier von feinen Wolken aus Wassereis das Licht der äquatorialen Regionen. Der Ostteil des *Vallis Marineris* ist links sichtbar, und die dunkle Masse der *Terra Meridiani* – dort wo am 25. Januar 2004 der Roboter *Opportunity* niedergegangen ist – breitet sich rechts aus. Ganz unten am Rande der Polkappe aus Kohlendioxid-Reif, die zeitweilig die südlichen Gebiete bedeckt, erscheint deutlich *Planitia Argyre* mit dem Kreis des Kraters *Galle*, der sich rittlings auf seinem östlichen Wall befindet.
© Mars Global Surveyor/NASA/JPL/MSSS

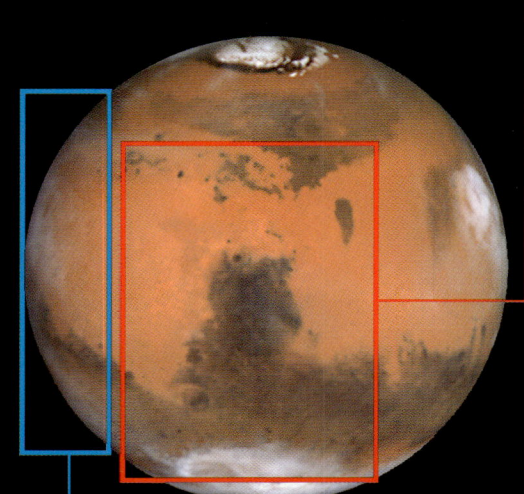

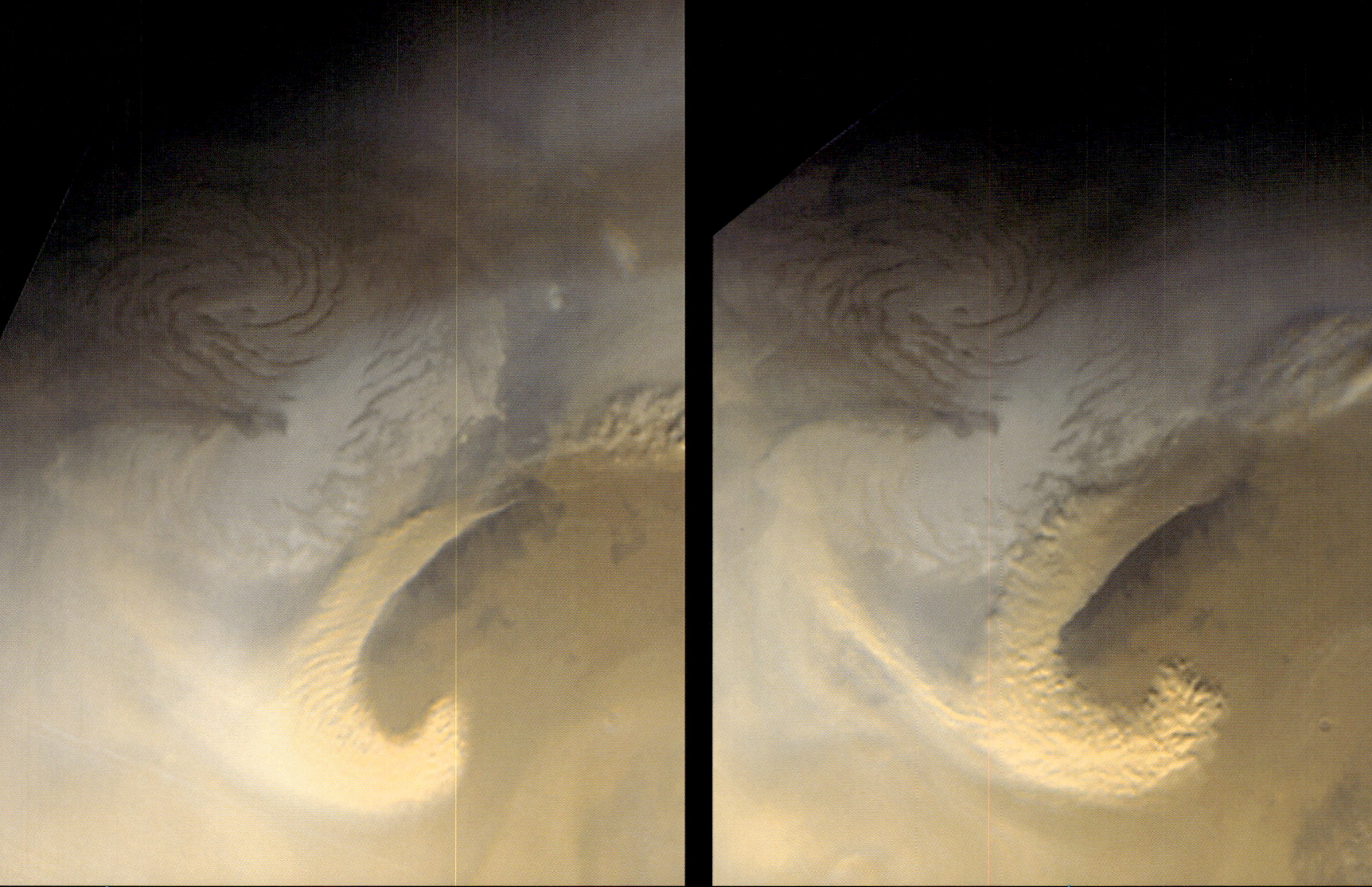

Der Sommer auf der Nordhemisphäre geht zu Ende. Schon ist es wieder Nacht geworden auf einem Teil der Polkappe, und die Temperaturen fallen in Richtung der winterlichen Minimalwerte. Die atmosphärische Aktivität bleibt dennoch lebhaft, was dieser herrliche Sandsturm bezeugt, der sich am 30. Juni 1999 entwickelt hat. Diese vier Fotos überstreichen einen Zeitraum von sechs Stunden. In dieser kurzen Zeitspanne hat sich dieser Bischofsstab aus staubiger Masse in aller Ruhe fast 1000 Kilometer ausgedehnt, bevor er seine Energie verlor und seine Last aus Sand weich auf die Tiefebenen der Nordhemisphäre fallen ließ.
© Mars Global Surveyor/NASA/JPL/MSSS

Zwischen Mitte Juli und Ende September 2001 konnte kein einziges scharfes Bild der Marsoberfläche empfangen werden, da der gesamte rote Planet sich in einen Mantel aus Staub gehüllt hatte. Die Analyse der Anfang Juli gemachten Fotos zeigt, dass dieses Phänomen aus einer großen Turbulenz entstanden ist, die auf der südlichen Halbkugel in weniger als drei Tagen vom Pol bis zum Äquator gerast ist. Auf seinem Weg hat dieser Sturm enorme Mengen von Staub aufgenommen und in die Atmosphäre geschleudert. Die Luftzirkulation hat schnell ihre gleichmäßige Verteilung über den gesamten Planeten bewirkt, und es dauerte Monate, bis sie sich wieder abgelagert hatten und die Marsoberfläche erneut vollständig sichtbar war.

© Mars Global Surveyor/NASA/JPL/MSSS

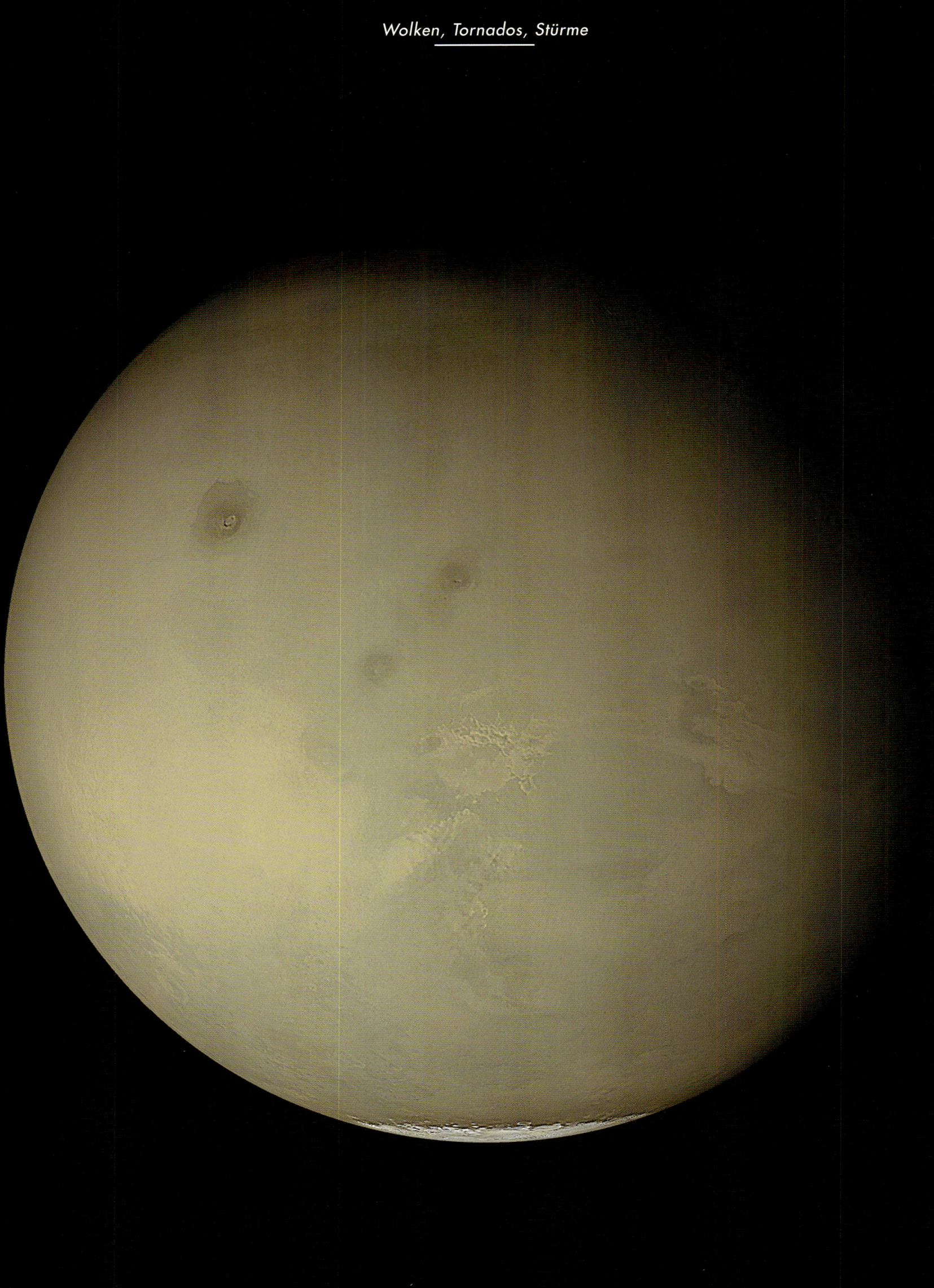

Der Mars und die Erde im direkten Vergleich

	Mars	Erde	der Mars im Vergleich zur Erde
Durchmesser am Äquator	6792 km	12 756 km	1,8-mal kleiner
Abflachung der Pole	0,006	0,003	2-mal größer
Oberfläche	145 Millionen Quadratkilometer	510 Millionen Quadratkilometer	3,5-mal kleiner
Oberfläche des Festlands	145 Millionen Quadratkilometer	150 Millionen Quadratkilometer	fast gleich groß
Masse	$6,4.10^{23}$ kg	$59,8.10^{23}$ kg	9,3-mal kleiner
Neigung der Rotationsachse	25,2°	23,4°	–
Neigung der Bahnebene	1,85°	0°	–
Mittlere Dichte (Wasser = 1)	3,94	5,52	1,4-mal kleiner
Schwerkraft (Erde = 1)	0,38	1	2,6-mal kleiner
Fluchtgeschwindigkeit am Äquator	5,0 km/s	11,2 km/s	2,2-mal kleiner
Mittlere Jahrestemperatur	–53 °C	15 °C	–
Mittlerer Druck an der Oberfläche	6,1 hPa	1013 hPa	165-mal kleiner
Mittlere Albedo	0,16	0,39	2,4-mal kleiner
Mittlere Entfernung zur Sonne	227,9 Millionen Kilometer	149,6 Millionen Kilometer	1,5-mal größer
Minimale Entfernung zur Sonne (Perihel)	206,7 Millionen Kilometer	147,1 Millionen Kilometer	–
Maximale Entfernung zur Sonne (Aphel)	249,1 Millionen Kilometer	152,1 Millionen Kilometer	–
Exzentrizität	0,093	0,017	5,5-mal größer
Siderische Rotationsperiode	24 h 37 min	23 h 56 min	1,02-mal größer
Siderische Umlaufperiode	686,98 Tage	365,25 Tage	1,88-mal größer
Mittlere Umlaufgeschwindigkeit	24,1 km/s	29,8 km/s	1,2-mal kleiner
Monde	2	1	–
Atmosphäre	CO_2 (95,2 %), N_2 (2,7 %), O_2 (0,13 %)	CO_2 (0,035 %), N_2 (78 %), O_2 (20,6 %)	–

© NASA/Mars Global Surveyor/JPL/MSSS

Die Erde besitzt am Äquator einen Durchmesser, der 1,8-mal so groß ist wie der des Mars, ihre Oberfläche ist 3,5-mal größer, und ihr Volumen ist 6,6-mal so groß. Der Anteil des Festlandes dagegen ist nur wenig größer als die des gesamten roten Planeten. Astronauten, die eines Tages auf dem Mars landen werden, haben sicher keine Chance, dort ein mit feinen Tautropfen bedecktes Spinnennetz zu finden! Dennoch schätzen die Wissenschaftler, dass es auf dem Mars in seinen Polkappen und Untergrund genügend gefrorenes Wasser gibt – angenommen es würde schmelzen und einen Ozean auf seiner Oberfläche bilden –, dass es den gesamten Globus 400 bis 800 m hoch mit Wasser bedecken könnte. Das Volumen des auf dem Mars wahrscheinlich verfügbaren kostbaren Nass' wäre also 12- bis 24-mal geringer als das der Erde mit 1,4 Milliarden Kubikkilometern.

© Laurent Laveder

Trotz ihrer bedeutenden geografischen Unterschiede gleichen sich der Mars und die Erde in mancher Hinsicht ganz merkwürdig. Im August 2000 hat sich mitten im Frühling auf der Nordhemisphäre des Mars ein heftiger Sandsturm erhoben, am Rande der zeitweise vorhandenen Polkappe aus Kohlendioxid-Reif. Nach Süden, getrieben vom Ungestüm der Polarwinde, ist dieser veritable Sandstrahl auf die wärmere Luft der gemäßigten Zonen aufgeprallt. Dort blockiert, hat er sich ausgebreitet und eine Front gebildet, die die Form eines Champignons hat. Die untere Aufnahme zeigt ein identisches Phänomen, das auf der Erde am 26. Februar 2000 beobachtet wurde. Ein aus der Sahara stammender Sandsturm hatte sich mit Macht auf den Atlantischen Ozean geworfen. Und auch hier war er durch eine Luftmasse geringerer Temperatur gestoppt worden, sodass sich die »Champignonfront« ausbildete.
© NASA/Mars Global Surveyor/JPL/MSSS/SeaWIFS project/GSFC/Orbimage

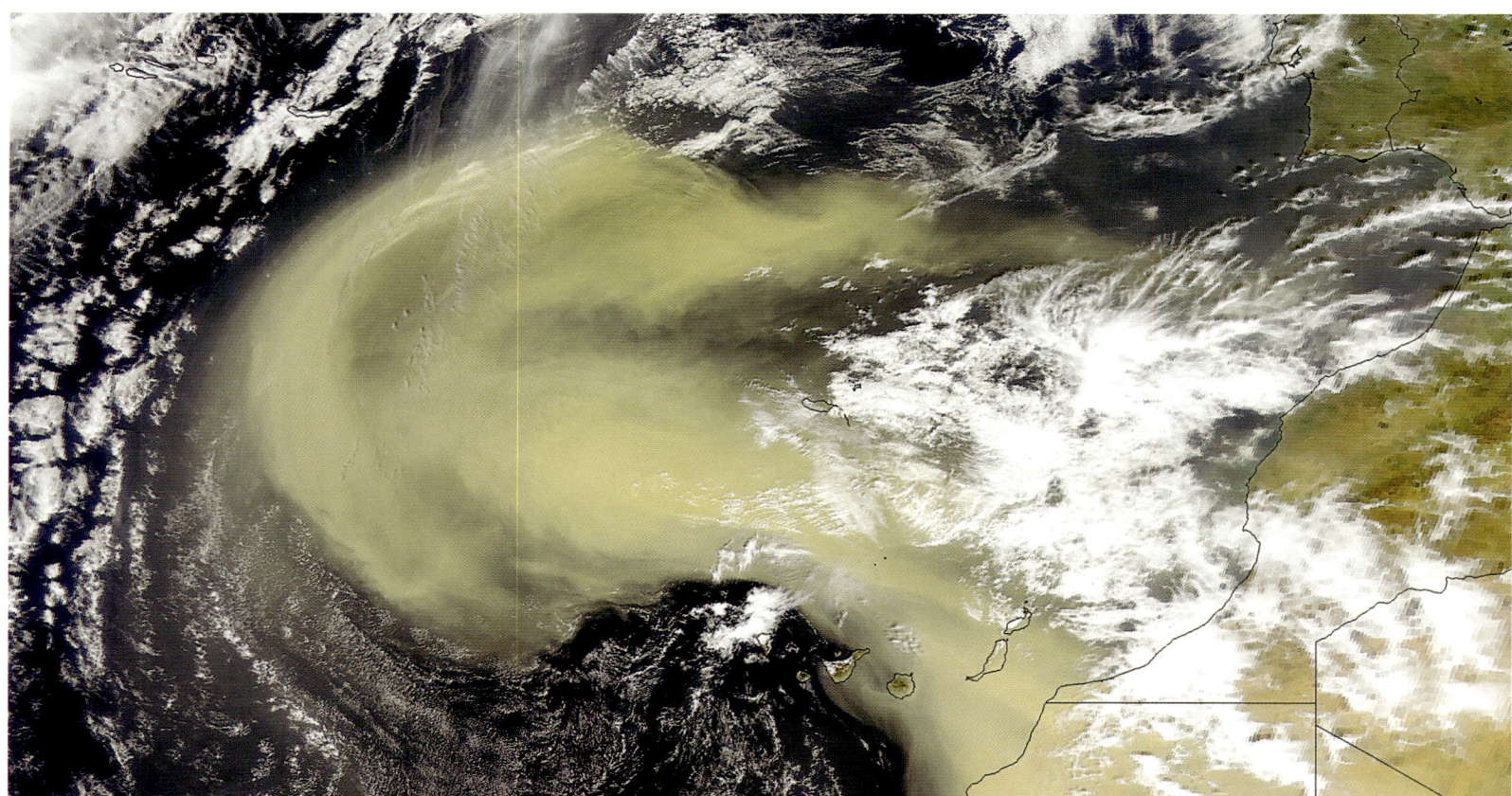

Phobos und Deimos, die Monde des Mars

Der rote Planet besitzt zwei natürliche Satelliten, die ihn um-
kreisen. Im Unterschied zum Erdmond, dessen Durchmesser im
Vergleich zur Erde durchaus nicht vernachlässigbar ist –
3476 km gegen 12 756 km –, gehören die beiden Marsmonde
eher zur Kategorie der großen Felsbrocken als zu der der
kleinen Planeten. Phobos misst nämlich nur 27 x 22 x 11 km
und Deimos 15 x 12 x 11 km. Diese beiden Himmelskörper
sind also nicht kugelförmig und erinnern eher an Asteroiden.
Ihre Dichte von 1,7 g/cm³ bzw. 2 g/cm³ – die des Mondes
beträgt 3,34 g/cm³ – und die Beschaffenheit ihrer Oberfläche,
die nur 5 % des Sonnenlichts reflektiert, scheint die asteroiden-
artige Natur der beiden Marsbegleiter zu bestätigen. Dennoch
ist es nicht einfach zu erklären, wie der kleine Planet Mars zu
diesen beiden Satelliten gekommen ist. Heute stehen sich zwei
Hypothesen gegenüber: die eines Zusammenstoßes, dessen
Trümmer Phobos und Deimos gebildet hätten, die andere eines
Einfangs. Die Erste lehnt sich an die Bildung des Mondes an,
hat aber den Nachteil, eine wichtige Eigenschaft nicht befrie-
digend zu erklären: die geringe Größe der beiden Körper.
Die Zweite scheint glaubhafter, denn der Mars war, wie seine
Oberfläche bezeugt, das Ziel eines intensiven Bombarde-
ments durch Asteroiden jeglicher Größe während seiner Entstehung und danach. Man kann gut sich vorstellen, dass unter
dieser Vielzahl bestimmte Asteroiden mit der idealen Geschwin-
digkeit und der richtigen Bahnneigung angekommen sind, um
dann perfekt von der Marsatmosphäre abgebremst zu werden
und in eine Umlaufbahn um den Planeten einzutreten.

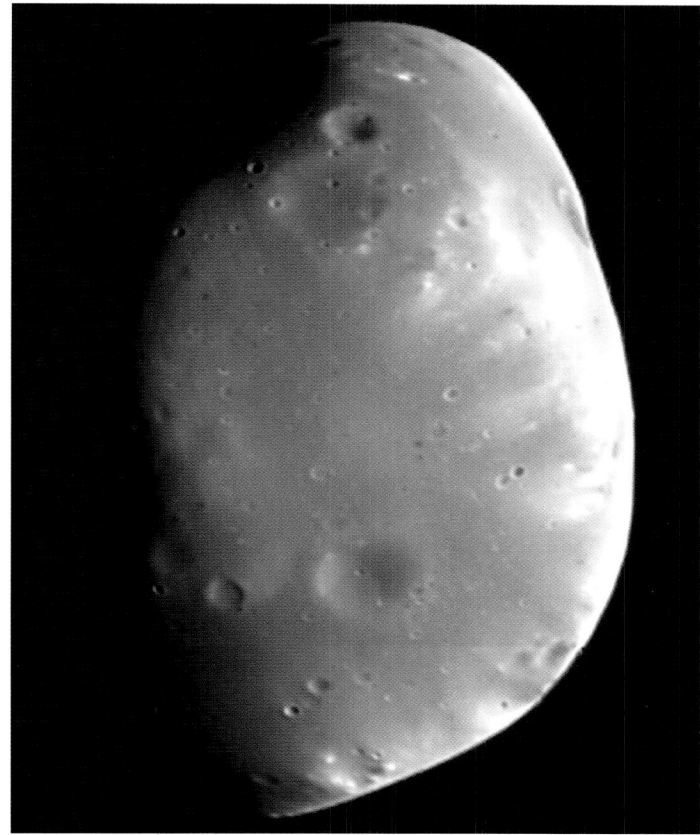

Deimos ist ein kleines ovales Objekt mit einer Länge von
ca. 15 Kilometern und einer sehr geringen Dichte –
1,7 g/cm³ gegenüber 2 g/cm³ für Phobos und 3,94 g/cm³
für Mars. Es könnte sich um das Agglomerat mehrerer kleiner
Blöcke handeln, mit Hohlräumen dazwischen.
© Viking Orbiter/NASA

Die Oberfläche von Phobos zeigt Spuren zahl-
loser Einschläge, sie zeigt insbesondere einen
ovalen Krater von 10 auf 6 km, der von einer
in dieser Größenordnung gewaltigen Kollision
zeugt. Sie hätte sehr wohl diesen kleinen Mond
zum Platzen bringen können.
© Mars Global Surveyor/NASA/JPL/MSSS

Sonden und Marsroboter

1. Mars Global Surveyor (Orbiter der NASA)

Am 7. November 1996 mit einer Delta II 7925-Rakete gestartet. Ankunft in einer Mars-Umlaufbahn am 12. September 1997 nach einer Reise von 750 Millionen Kilometern. Polare Umlaufbahn in 378 km Höhe.

Die wichtigsten Instrumente

Kamera MOC (Mars Orbiter Camera):
Hochauflösende Kamera zur Kartographie der Marsoberfläche.
Höhenmesser MOLA (Mars Orbiter Laser Altimeter):
Zur Vermessung der Höhen der Erhebungen und der Tiefen der Täler auf dem Mars.
Wärmestrahlungsspektrometer TES (Thermal Emission Spectrometer):
Kann die mineralogische Zusammensetzung und lokale Wärmequellen erkennen.

Die wichtigsten Ergebnisse

Dreidimensionale Darstellung der restlichen nördlichen Polkappe und damit Bestimmung des Volumens an Wassereis, das sie enthält (mindestens 1,2 Millionen m³).
Entdeckung des Eisenerzes Hämatit in *Terra Meridiani*, das sich im Allgemeinen unter Anwesenheit von flüssigem Wasser bildet. Dieses Resultat erlaubte später die Entsendung des mobilen Roboters *Opportunity* in die *Terra Meridiani*, der dort außergewöhnliche Entdeckungen gemacht hat.
Da er bis jetzt (März 2005) immer noch funktioniert, dient *Mars Global Surveyor* hauptsächlich als Übertragungsstation zur Erde für die mobilen Roboter *Spirit* und *Opportunity*.

2. Mars Odyssey (Orbiter der NASA)

Am 7. April 2001 mit einer Delta II 7925-Rakete gestartet. Reise von sechseinhalb Monaten und 460 Millionen zurückgelegten Kilometern. Eintritt in eine Mars-Umlaufbahn am 24. Oktober 2001. Polarer Kreisorbit in 400 km Höhe.

Die wichtigsten Instrumente

THEMIS (**Th**ermal **Em**ission **I**maging **S**ystem – Wärmeabstrahlungs-Abbildungssystem):
Zur Untersuchung der geologischen Zusammensetzung der Marsoberfläche.
GRS, ein Gammastrahlen- und Neutronen-Spektrometer:
Zur Bestimmung der Zusammensetzung des ersten Meters des Marsbodens und zur Suche nach Wassereis.
MARIE (Mars Radiation Environment Experiment):
Zur Messung der Strahlungsintensitäten in der Marsumwelt.

Die wichtigsten Entdeckungen

Große Vorkommen von Wassereis im ersten Meter des Marsuntergrunds um die südliche Polkappe herum. Diese Entdeckung hat die Hypothese bestärkt, nach der ein großer Teil des Wassers auf dem Mars im Untergrund des roten Planeten Unterschlupf gefunden hat, nachdem seine Atmosphäre teilweise verschwunden war.

3. Mars-Express
(Orbiter der Europäischen Raumfahrtbehörde ESA)
Am 2. Juni 2003 mit einer Sojus/Fregat-Rakete gestartet.
Ankunft im Marsorbit am 25. Dezember 2003, nach einem
»Ausflug« von etwa 400 Millionen Kilometern.

Die wichtigsten Instrumente
Hochauflösende Stereokamera HRSC (aus Deutschland):
Zur Kartografie der Marsoberfläche mit hoher (10 m pro Pixel)
und sehr hoher (2 m pro Pixel) Auflösung mit Bildverarbeitung
und dreidimensionaler Abbildung der Landschaft.
OMEGA Kombinierte Kamera (sichtbares Licht) und
Infrarotspektrometer:
Zur Kartografie der mineralogischen Zusammensetzung der
Marsoberfläche.
Fourier Infrarot Spektrometer, PFS (Planetary Fourier Spectrometer):
Zur Feinanalyse der atmosphärischen Zusammensetzung.
MARSIS (Subsurface Sounding Radar Altimeter) Höhenradar:
Zur Erforschung des Untergrunds und vor allem zur Suche nach
eventuellen unterirdischen Seen. Dieses Radar dürfte im Früh-
jahr 2005 in Dienst gestellt werden.

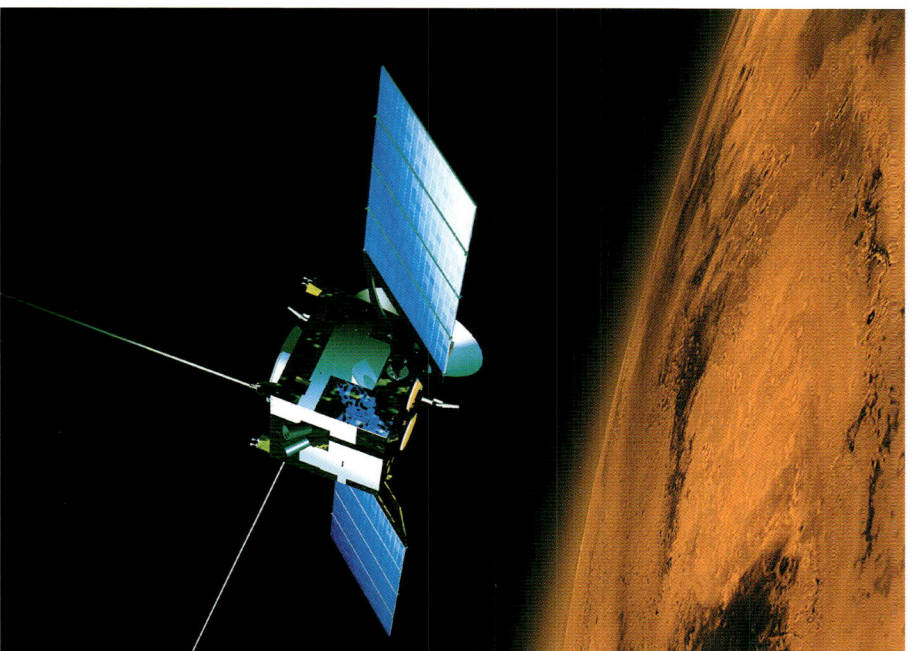

Die wichtigsten Ergebnisse
Entdeckung von Methan in der Marsatmosphäre. Dieses Gas
kann nur dann dauernd in der Umwelt des roten Planeten
gegenwärtig sein, wenn eine Quelle vorhanden ist, die es
ständig nachliefert, zum Beispiel eine mikrobiologische,
Aktivität oder unterirdischer Vulkanismus. Das Rätsel bleibt
ungelöst, aber jede dieser Hypothesen eröffnet aufregende
wissenschaftliche Perspektiven.
Kartografie der Zusammensetzung der restlichen Eiskappe am
Südpol mit der Bestätigung der Anwesenheit von Wassereis.
Kartografie der Oberfläche mit einer vorher nie erreichten
Auflösung. Wir verdanken Mars-Express ganz außergewöhnliche dreidimensionale Bilder.

4. Spirit (Lander und mobiler Roboter der NASA)
Gestartet am 10. Juni 2003 mit einer Delta II 7925-Rakete.
Ankunft im Krater *Gusev* am 4. Januar 2004.

5. Opportunity (Lander und mobiler Roboter der NASA)
Gestartet am 8. Juli 2003 mit einer Delta II 7925-Rakete.
Ankunft in *Terra Meridiani* am 25. Januar 2004.

Spirit und *Opportunity* sind Zwillinge und haben deshalb eine
identische Ausrüstung an wissenschaftlichen Instrumenten.

Die wichtigsten Instrumente
Panoramakamera *Pancam*:
Zur Ortung und Auswahl von zu analysierenden Gebieten.
Kamera *Microscopic Imager*:
Zur Untersuchung der Feinstruktur der untersuchten Materialien.
Röntgen-Spektrometer **APXS** (Alpha-Proton X-Ray Spectrometer):
Zur Aufklärung der chemischen Zusammensetzung der Oberfläche.
Mössbauer-Spektrometer:
Zur Untersuchung von eisenhaltigem Material.
Thermisches Mini-Spektrometer **Mini-TES**:
Zur Aufklärung der mineralogischen Zusammensetzung des
Bodens.

Die wichtigsten Ergebnisse
Die Region *Terra Meridiani* war einst eine weit ausgedehnte
Fläche flüssigen und salzhaltigen Wassers. Ob sich einst ein
großer Ozean über die nördliche Hemisphäre ausbreitete, ist
noch nicht endgültig gesichert.

Glossar

Ablagerungskegel: Zone der Anschwemmungen, verursacht durch einen Wasserlauf (fluviale Aktivität)

Asteroiden: kleine Körper des Sonnensystems, deren Größe mehrere Hundert Kilometern erreichen kann

Basalt: Gestein, arm an Kieselerde und reich an Eisenoxyd, aus an der Oberfläche abgekühltem Magma

Caldera: runder oder elliptischer Einbruchskrater, der sich oft am Gipfel eines Vulkans bildet, dessen Magmakammer sich geleert hat und eingestürzt ist

Columbia: Name von sieben Hügeln nahe des Landeplatzes der Sonde *Spirit*, zu Ehren der sieben Astronauten, die beim Unglück der amerikanischen Raumfähre *Columbia* ums Leben kamen

Dust devil: »Staubteufel«; von amerikanischen Forschern erfundener Name für die sehr häufigen Staubtornados auf dem Mars

Einschlag: bezeichnet die Kollision eines Meteoriten oder Asteroiden mit einem Planeten oder irgendeinem anderen Himmelskörper

Ejekta: Materie, die beim Einschlag eines Meteoriten ausgeschleudert wurde und sich um den Krater herum abgelagert hat. Ist der Untergrund reich an Wasser, dann können sich die Ejekta auch überlagern

Graben: breite, durch Einsturz verursachte Absenkung, begrenzt durch Verwerfungen; bildet sich, wenn die Kruste sich entlang eines Rifts öffnet

Hämatit: Mineral, das sich auf der Erde in Gegenwart von flüssigem Wasser bildet

Kalkstein: Sedimentgestein, bestehend aus Kalziumkarbonat; bildet sich durch Lösung von Kohlendioxid in Wasser und bei der Reaktion mit Silikaten

Karst: Kalklandschaft, die tief eingekerbt ist durch die Einwirkung von Wasser an der Oberfläche und darunter

Krater: mehr oder weniger kreisförmige Vertiefung, geschaffen durch den Ausbruch eines Vulkans oder durch den Einschlag eines Meteoriten oder Asteroiden

Kruste: äußere Hülle eines tellurischen Planeten, über dem Mantel liegend, von variabler Dicke – 6 bis 70 km auf der Erde, 50 bis 70 km auf dem Mars

Lava: flüssiges Gestein, das an die Oberfläche kommt und von Vulkanen ausgeworfen wird

Magma: flüssiges Gestein von variabler Zusammensetzung; entspricht chemisch einer Mischung aus Silikaten und Gas, hauptsächlich Wasserdampf und Kohlendioxid

Magmakammer: Zone, oft mehrere Kilometer tief unter der Planetenkruste, in der sich Magma ansammelt, bevor es an der Oberfläche ausbricht

Mesa: Plateau mit steilen Klippen

Meteoriten: mehr oder weniger massive Körper aus dem interplanetären Raum, die mit Planeten kollidieren

Opportunity: Name des amerikanischen mobilen Roboters, der am 25. Januar 2004 auf Terra Meridiani gelandet ist

Opposition: stehen Sonne, Erde und ein Planet in dieser Reihenfolge auf einer geraden Linie, dann sagt man, dieser befinde sich in Opposition; das ist der günstigste Zeitpunkt, um den Planeten von der Erde aus zu beobachten

Planetologe: Forscher, der die Geologie der Planeten des Sonnensystems (außer der Erde) studiert

Rift: Grabenbruch, verursacht durch eine Reihe von Verwerfungen, die zur Öffnung der Kruste eines Planeten führen

Rinde: anderer Name für die Erdkruste

Schildvulkan: vulkanischer Kegel mit schwacher Neigung – unter 10°; er besteht aus aufeinander geschichteten, einst dünnflüssigen Lavaströmen

Sediment: Ablagerung, die durch Erosion durch Wind, Wasser oder Gletscher verursacht wird

Sonde: unbemanntes Gerät, das ins Sonnensystem geschickt wird, um Beobachtungen vorzunehmen

Sublimation: direkter Übergang vom festen in den gasförmigen Zustand

Trockeneis: bei dem geringen Druck auf der Marsoberfläche kann sich Kohlendioxid verfestigen, sobald die Temperatur unter −125 °C sinkt. Auf der Erde erfolgt diese Umwandlung schon bei − 78°C

Register